雙廚 好菜上桌 鬥陣

喬艾爾 JOËL
索艾克 SOAC

著

CHAPTER TWO
EASY & FAST

Discovery 亞太電視網
台灣暨香港代理總經理

洪韻淇

過去女人下廚，天經地義；現在男人下廚，最有魅力！

第一回吃到JOËL和SOAC的料理，是TLC台北野餐日的現場（別以為錄影時我們都吃得到！）兩個大男生邊錄影邊做了鐵烤帕里尼三明治給JANET，同事分到一份，讓我搶先咬了一口，心裡立刻響起OS：「OMG！」很後悔為什麼要客套地把完整的那一份禮讓給了其他人！

第二回則是雙廚請我們到工作室開會兼午餐，至今我仍忘不了那脫了大半截外衣的烤玉米筍，我們抓著保留一小截外衣的迷你筍，沾著特調的醬汁，這麼簡單的烤法，我心中吶喊著：「一定要學會！」更讓我驚豔的是，JOËL冰箱裡排排立正站好的食材，媲美日本收納雜誌，果真是專業職人。

第三回是JOËL和SOAC勇奪金鐘獎最佳主持人的感恩餐會。我們三十人幾乎掃光五十人份的餐點，最後還外帶了尚未下鍋的義大利餃子半成品等食物，酒醉下仍逼問料理細節，打算回去給女兒們做宵夜。（最可怕的是，當晚布朗尼陪著我入睡。）

為什麼做「雙廚出任務」這個節目？TLC已經有人人都想請他回家的柯堤斯史東，15分鐘就可以上菜的傑米奧利佛，還有粉絲最愛、口下不留情的安東尼波登啊！但在號稱美食寶島的台灣，由於外食太便利，一般人似乎已悄悄失去「烹飪」這項生活技能。

於是 TLC 設下了這個讓上班族重回廚房餐桌的任務！

終於，我們找到了走跳菜市場的大廚JOËL，和蹲點廚藝教室多年的SOAC，兩位優秀又可愛的年輕台灣廚師！在鏡頭前兩人一搭一唱逗嘴鼓，但走下料理台，一位是與生俱來招呼全場的SOMMELIER，另一位是安東尼波登筆下站在後門抽煙不語的廚師。兩位二十多歲的年輕人個性雖完全不同，但同事們都被他們認真對待食材，把料理當一生志業的認真態度所感動。

想成為最受親友歡迎的料理魔女，或是派對中最閃亮的烹飪男神？TLC旅遊生活頻道「雙廚出任務」的精彩節目與食譜書，要讓你從情人節大餐吃到聖誕節饗宴，從野餐日瘋到POTLUCK派對，跟JOËL和SOAC，把廚房變成派對第一現場！

S是一個很有趣的人，在料理上、在生活上，我們都有各自執著堅持的事物和準則，但能透過他的角度來看廚房、看料理、看餐桌上的風景其實是一件很好玩的事。我常常會訝異於他對傳統料理的熱情，和對正統老派烹飪技法與食材挑選搭配的執著。但讓我最爲欣賞的是他總是能享受料理帶來的樂趣，不論是在聚會上邊輕鬆地料理邊和身邊的朋友分享他認爲鍋裡爐中最迷人的時刻；或是在料理結束後能馬上和在現場的朋友一起高舉酒杯、手持刀叉，一同大吃大喝享受食物的美好和掌勺者的亮眼光芒（同樣的情況裡，我只想認真煮食，料理結束後就安靜地坐著發呆，根本就是自閉兒）。任何時刻他都是充滿活力，幾乎讓人快招架不住。

能夠有機會和他一起合作一本書給所有愛料理的朋友，是少有難得的幸運。

時至今日，我依舊難以改變身上某些從高壓的廚房，焦慮的工作流程中挾帶出來的習慣。我必須老實說，比起做菜給自己，我更熱衷於做菜給別人吃。經歷了十多年，日復一日站在送菜台後的人生，比起老派菜色，我更喜歡嘗試各種不同的可能性。每次看到餐桌上的客人，讓食物逗得又驚又喜，與同桌的朋友不停討論、猜測、期待下一道菜的種種可能時，是最讓人心滿意足的時刻。

就像大家想的，我們對彼此這些迥異的料理特質意見非常多。每每有合作機會時，都會試著讓手上的料理作爲後盾，試著說服對方自己的看法（你吃嘛，吃了你就知道）。也因此，讓我得以享受不同於過往的廚房樂趣。這本料理書，就是在無數這種「放這個材料比較好」、「這肉要那樣切才對」……之下的討論、爭辯、實驗、對照……所誕生出來的。你可以眞的信任書裡的配方與作法，按表操課，這本書一定可以爲你帶來幫助。當然，以我來說，做菜靠感覺是最棒的。感覺指的是在每個料理步驟中，不停地用五感去品嘗去感受，如果你的身體告訴你要加點鹽、要添點醋，那不妨試著加看看，也許會有比食譜更好的效果也不一定。

希望每個喜歡料理的朋友都可以永遠沉浸在料理的樂趣之中。

拍攝「雙廚出任務」的關係，這幾年有許多機會深入台灣各地，透過鏡頭讓大家更瞭解這裡美好的人事物，探訪用心耕耘的農家，或是身懷絕技的傳統師傅，更深刻認識自己成長的這塊土地，並將這些食材變成一道道的料理。

不知道為什麼，身邊與我年紀相仿的朋友們，都離廚房生活相當的遙遠，家庭料理也變成了某門無法親近的神祕技藝。台灣是個地方小，商家密度卻很高的島國，人們常說沒有下廚的必要，因為走到街頭巷口就可買到便宜又方便的食物，但換個方面想，你只要走到路口就會看到市場或超市，裡頭有大把鮮綠的蔬菜和食材等著你帶回家烹煮，這是許多國家無法比擬的便利性。

大家都太害怕進廚房了，或者說，本質上害怕失敗這件事。當認識的新朋友發現你會料理時，常發出驚呼大喊：「天啊，你會做菜!?」像看到已滅絕的稀有物種重新回到地球。大家不必如此戒慎恐懼，就算今天你真的煮糟了，也不會被抓去黑牢裡關緊閉。我想傳遞料理就像你會呼吸、你會喝水一樣自然，家庭料理不應該變成如此遙不可及的專業，我想讓這概念內化在每個人的腦海裡。

在節目裡，我和JOËL用不同的角度切入，用輕鬆、沒有距離感的方式跟大家分享烹飪的樂趣，替上班族設計了許多菜單。說了這麼多，其實就是要讓不下廚的人別再找藉口了，這本書裡重新整理、編校了「雙廚出任務」第一季與第二季節目裡的菜單，是許多工作夥伴的心血結晶，現在就從中挑一道菜，你會發現動手下廚與鍋碗瓢盆這些生活器皿為伍，能帶來的爽快、滿足與成就感是前所未有的。

FUN
&
HOLI

CHAPTER
ONE

玫瑰風味甜菜根

ROSE BEET ROOT PICKLE

玫瑰花與甜菜根的風味組合是絕佳搭配，新鮮的花材作爲呈盤器皿在視覺效果上很容易成爲亮點，但要特別注意清潔衛生等細節。記得醃漬好的甜菜根必須冷藏保存。

材　料	2人份
乾燥玫瑰	3公克
巴薩米克酒醋	300毫升
蜂蜜	50公克
甜菜根·去皮·刨片	1顆
新鮮紅玫瑰， 　大朵，取芯	6朵

作　法

1　將乾燥玫瑰、巴薩米克酒醋、蜂蜜混合後以小醬汁鍋煮滾。

2　將甜菜根浸入作法1，放涼冷藏備用。

3　將甜菜根整形，放入玫瑰中即可。

脆皮嫩雞佐墨西哥巧克力辣醬

FRIED CHICKEN WITH CHICKEN MOLE

墨西哥巧克力辣醬是最經典的巧克力料理，一定要用你手邊拿得到的黑巧克力，千萬別用牛奶巧克力，會變成一場災難。把肉煮到中心溫度恰好58度的口感，任何人都會瞬間上癮，買一支金屬溫度計吧！如果捨不得用雞腿熬煮醬汁也可以用雞翅、雞腳來代替。

材 料　　　　2人份

雞胸	半副
玉米筍，切塊	4支
蘆筍，切塊	7支
南瓜，切塊	133公克
小番茄，切塊	3顆
芝麻葉	33公克

巧克力辣醬

乾辣椒	7公克
葡萄乾	7公克
大蒜	13公克
洋蔥	53公克
番茄	200公克
白芝麻	7公克
杏仁	67公克
核桃	20公克
雞腿	1隻
丁香	4根
肉桂	半支
香菜籽	3公克
黑巧克力	133公克

作 法

1　加熱一口平底鍋，將乾辣椒、葡萄乾、大蒜、洋蔥、番茄，分別放進鍋中乾煎上色備用。

2　加熱一口湯鍋，放入少許沙拉油（不在材料單內）。將白芝麻、杏仁及核桃放進鍋內加熱，接著加入作法1，注入適量的水（起碼蓋過材料4公分），放進雞腿及香料，一起小火熬煮45分鐘。

3　延續作法2，將雞腿取出，所有材料以食物調理機打成泥。過篩後熬煮至濃稠即可關火，最後加入巧克力即可。

4　將雞胸放進鹽水中，小火煮至中心溫度達攝氏58度即可取出放涼。接著將玉米筍、蘆筍、南瓜與番茄分別放進熱水中燙熟即可取出備用。

5　加熱一口油鍋，將作法4的雞胸放進鍋內加熱至表皮酥脆即可分切備用。

6　將巧克力醬淋在盤底，放上雞胸肉。一旁放上燙好的蔬菜及芝麻葉，最後撒上適量的海鹽、胡椒與橄欖油（不在材料單內）即可。

伯爵茶閃電泡芙

EARL GREY ÉCLAIR

法國人稱長條狀的泡芙爲閃電，是個相當可愛的稱呼。製作泡芙殼的時候要注意蛋的比例並非絕對，要一顆一顆慢慢地加進去攪拌均勻，直到用木勺拉起來的時候會變成光滑、柔順的三角錐狀即可。內餡的伯爵茶卡士達醬，我喜歡把茶包剪開，用碎茶葉來泡，風味比較足。

材 料	約12個
泡芙殼	約12根
牛奶	150公克
奶油	60公克
鹽	一小撮
糖	1小匙
中筋麵粉	105公克
蛋	約3-4顆
伯爵茶卡士達醬	
牛奶	275公克
伯爵茶	3-4公克
香草莢，對剖取籽	1/2根
蛋黃	3顆
糖	30公克
鹽	一小撮
玉米粉	20公克
鮮奶油，打發	90公克
巧克力淋醬	
苦甜巧克力，	
隔水加熱融化	70公克

作 法

【泡芙殼】

1　醬汁鍋內放入牛奶、奶油、鹽和糖後，開大火煮至滾沸。一口氣倒入麵粉並攪拌均勻，持續用中小火拌炒，直到鍋底有一層白色麵皮，約需1分鐘。

2　取出作法1後換到大缽內，加入一顆蛋後用力拌勻再放下一顆，蛋的數量加到麵糊柔軟、滑順即可。

3　將麵糊填入裝好圓形花嘴的擠花袋內擠成長條狀，刷上一層蛋汁後，用叉子直劃紋路。放入烤箱以攝氏180度烤約25分鐘，直到泡芙膨發、表層金黃即可。

【伯爵茶卡士達醬】

1　混合牛奶、伯爵茶、香草莢和香草籽放入醬汁鍋內加熱至微滾。用紗布過濾備用。

2　料理盆內放入蛋黃、糖和一小撮鹽後打勻，加入玉米粉拌勻。

3　把醬汁倒入作法2內快速攪拌，再倒回鍋內用中小火加熱同時攪拌至濃稠，熄火降至常溫備用。

4　溫柔的混合伯爵茶卡士達醬與打發鮮奶油，填入小型尖花嘴的擠花袋內備用。

【最後步驟】

1　泡芙烤好後取出放涼，填入卡士達醬。

2　表面刷上一層巧克力或裝飾烘烤過的碎果仁即完成。

嫩煎鴨胸佐白蘭地櫻桃醬

DUCK BREAST WITH BRANDY CHERRY SAUCE

烹調鴨胸肉之前,請先將鴨肉裡的筋膜挑掉,就是帶狀的銀白色部分,如此鴨胸嘗起來會更加軟嫩。加熱時也要小心,請先用中小火慢慢地把帶皮面油脂逼出來,記得輕輕地壓一下,讓表面可以均勻受熱,煎到金黃酥脆即可翻面,帶肉面加熱時間不用太長,請保留粉紅色的質地嘗起來才不會過老喔。

材　料	1-2人份
嫩煎鴨胸	
鴨胸	1份
鹽	少許
胡椒	少許
奶油	適量
白蘭地櫻桃醬	
櫻桃,去籽後切塊	20顆
鹽	適量
糖	2-3大匙
巴薩米克酒醋	約1小匙
白蘭地	1大匙
其他	
小芥菜,切段, 可用任意青菜取代	一把
柳橙,取果肉	約1/2顆
鹽	少許
胡椒	少許
巴西里葉或其他香草	少許

作法

1　製作白蘭地櫻桃醬。混合櫻桃、鹽與糖,放入鍋內以中小火煮滾後,轉小火燉煮約8-10分鐘,加入酒醋和白蘭地後關火備用,調整一下酸甜比例。非櫻桃季節時可用任意莓果取代。

2　將鴨肉面朝上,把筋去掉,表面則輕劃成格子狀,雙面抹上鹽與胡椒調味。

3　準備一平底煎鍋,放入奶油加熱至融化後,將鴨胸帶皮面朝下,用中小火煎到表面上色且鴨油都出來了。

4　鴨肉翻面之後繼續加熱,直到鴨肉中心煎成漂亮的粉紅色。取出後休息一下切成片狀。

5　在同一支煎鍋內,用鴨油快速地將小芥菜翻炒過,並以鹽、胡椒調味。

6　將小芥菜放入盤內,上頭擺上鴨胸肉和柳橙,並淋上櫻桃醬,以巴西里葉或其他新鮮香草裝飾即可。

黑松露烤雞

BLACK TRUFFLE ROASTED CHICKEN

將雞肉放在冰箱裡風乾三天非常重要，一定要這麼做才能烤出香脆的雞皮。黑松露醬填塞入皮肉間的手續，除了增添風味外，也可以避免雞肉烤到過熟，和雞肉一起烤的蔬菜可以用任何自己喜歡的蔬菜代替。

材 料	4人份
帶骨雞胸	1副
黑松露醬	50公克
無鹽奶油	少許
牛番茄	2顆
洋蔥，切塊	1顆
新種馬鈴薯	6顆
黃檸檬，切塊	1顆
蘋果，切塊	1顆
薄荷葉	少許
胡蘿蔔	5根
大蒜	少許

作 法

1　將雞肉置於冰箱內風乾3天備用。

2　風乾的雞肉填塞入黑松露醬，與所有蔬菜一起放入預熱至攝氏190度的烤箱，加熱45分鐘即可取出，靜置15分鐘。

3　將所有材料裝盤即可。

烤地瓜棉花糖

MARSHMALLOWS SWEET POTATO CASSEROLE

這道甜點是最經典的聖誕節配菜之一。建議地瓜不要削皮，帶皮烤比較能發揮完整的香氣，國產台農57號的金黃地瓜最為推薦。棉花糖最好選用原味，較不會搶了地瓜風采。

材 料	4人份
地瓜，切半	2條
芋頭地瓜，切半	2條
無鹽奶油	10公克
楓糖漿	100公克
肉桂，磨碎	1支
辣椒粉	5公克
原味棉花糖	300公克

作 法

1　將奶油、楓糖漿、肉桂及辣椒粉置於地瓜切面，放進攝氏170度的烤箱加熱至熟透。

2　將棉花糖置於地瓜表面，放進攝氏200度的烤箱加熱至表面上色即可裝盤。

蜂蜜柳橙煮蘿蔔

ORANGE HONEY GLAZED CARROTS

用新鮮細瘦的小胡蘿蔔來做這道菜口感會較好。柳橙除了果汁外,我也會放入一些果皮增添香氣。最後調味時加入一小撮鹽可以讓整道菜的風味更亮眼。

材料	4人份
有機胡蘿蔔,去皮	16支
奶油	100公克
柳橙,榨汁	3顆
平葉巴西里,	
取葉、切碎	30公克
蜂蜜	50公克

作法

1　將所有材料混合,以小火燉煮至軟嫩,最後撒上巴西里裝盤即可。

香料熱紅酒

MULLED WINE

天氣寒冷時一定要燒一壺熱紅酒來喝。燒熱紅酒時，只要夠熱就好，不需要燒到滾沸，如此比較能保留紅酒的風味。比起白糖，我比較喜歡二砂或黑糖在熱紅酒裡表現出的粗獷風味。

材　料	4人份
紅酒	1瓶
柳橙，切片	1顆
檸檬，切片	1顆
八角	3顆
肉桂	1支
丁香	5顆
荳蔻	1顆
糖（二砂）	50公克

作　法

1　將所有材料混合，煮滾過濾即可。

迷你威靈頓牛排

MINI BEEF WELLINGTON

牛排裹上野菇醬與生火腿，外頭配上金黃色澤的脆口酥皮，光是外型就讓人口水直流。老實說傳統的做法有點麻煩，這份配方我調整成比較快速的做法，份量也更適合都市型的家庭分享。調味牛排時請留意鹹度，除了鹽之外，芥末醬、野菇醬和生火腿都是帶鹹味的。另外，酥皮從冷凍拿出來請直接使用，不要退冰以免過軟難以操作。

材料　　　　　2人份

威靈頓牛排

牛肝菌菇乾，泡冷水30分鐘	一小把
厚切牛排	300公克
鹽	少許
胡椒	少許
特級橄欖油	少許
法式第戎芥末醬	2大匙
奶油	少許
洋蔥，切丁	1/4顆
洋菇，切片	100公克
紅酒	100毫升
巴西里葉，剁碎	一小把
冷凍酥皮	4張
帕瑪生火腿，撕碎	2條
蛋，打散	1/2顆

醋味甜洋蔥

特級橄欖油	少許
紅洋蔥，切絲	1/2顆
巴薩米克酒醋	約2-3大匙
鹽	少許
糖	少許

作法

1　牛肝菌菇濾起後快速沖過水，切細碎備用。濾泡的湯汁留著備用（底部的雜質不要使用）。

2　牛肉兩面撒上鹽、胡椒和橄欖油。入鍋用大火迅速把表面煎上色後取出，刷上少許芥末醬。

3　同隻鍋下奶油，依序炒香洋蔥、蘑菇和牛肝菌菇，倒入紅酒後用大火把酒精辣味燒掉，放入牛肝菌菇湯汁煮到濃稠後熄火，撒入鹽、胡椒和巴西里葉，放涼備用。

4　依序擺上酥皮、生火腿、牛肝菌菇醬、牛排、牛肝菌菇醬、生火腿和酥皮，將多的皮切掉，刷蛋汁後用叉子封緊開口，用刀背畫出紋路。

5　放入烤箱以攝氏230度烤約10分鐘即可。取出後休息至少3-5分鐘再享用。牛排越厚要降低溫度並延長烤的時間，反之越薄的話則要用更高溫並縮短烘烤時間。

6　鍋子燒熱下橄欖油，放入洋蔥翻炒過後下酒醋、鹽和糖，試吃看看調整成酸甜風味。

巧克力莓果帕法洛娃

CHOCOLATE AND BERRY PAVLOVA

帕法洛娃是一種傳統的蛋白霜點心，據傳這個名字是來自俄羅斯的女芭雷舞者。蛋白霜甜度比較高，建議盡量搭配酸一點的水果和果醬，以中和過甜的口味。買不到莓果的話改用當季新鮮的台灣水果來做也不錯。裝飾時請帶著藝術家個性，隨意地把鮮奶油和果醬淋撒上去，創造出屬於你個人風格的帕法洛娃。

材 料	約16個
蛋白霜	
蛋白	5顆
鹽	一小撮
糖	135公克
可可粉，過篩	45克
巴薩米克酒醋	1小匙
莓果醬	
綜合冷凍莓果	150公克
糖	30公克
裝飾	
鮮奶油	250毫升
糖粉	約1/2大匙
橙酒，可省略	1大匙
胡桃，烤到上色	一小把
新鮮綜合莓果	約200公克
黑巧克力，	
剁碎或刨粉	約1/2杯
糖粉	少許

作 法

1　製作蛋白霜。蛋白混入鹽打到起泡後，分三次加入糖並持續攪拌，打到滑順的鳥嘴狀。

2　加入過篩的可可粉，接著倒入酒醋，用抹刀輕輕拌勻，留下大理石紋路，然後放在烘焙紙上，輕輕抹開變成鳥巢狀。

3　放入烤箱以攝氏140-150度烤約90分鐘。熄火後繼續放在裡面，可以的話放到冷卻更好。

4　製作莓果醬。混合冷凍莓果和糖，煮滾後轉小火，保持微滾直到煮至濃稠狀。放涼備用。

5　把鮮奶油和1/2大匙糖粉一起打成緩慢流動狀，拌入橙酒後試一下調味。

6　將冷卻的蛋糕放在盤子上，淋上打發的鮮奶油和果醬，撒上堅果碎和新鮮莓果，上桌時再撒上刨碎的巧克力和糖粉裝飾即可。

莓果提拉米蘇

BERRY TIRAMISU

對我來說，提拉米蘇關鍵的三個元素是乳酪、脆餅和糖漿。無論如何變換風格，一定要將這三種素材的味道、口感調和平衡，才是達成美味的關鍵。如果真的找不到新鮮的莓果，使用冷凍過口感軟嫩的品項也會別有一番風味，餅乾盡量用風味越單純的越好。

材 料	4人份
馬斯卡彭乳酪	500公克
鮮奶油	250毫升
黃檸檬，榨汁、刨皮	1顆
二砂	100公克
蓮花餅乾，捏碎	100公克
藍莓	250公克
草莓，去蒂、切塊	250公克
新鮮蔓越莓	250公克
新鮮茵陳蒿，取葉	5公克

橄欖油蜜漬金桔

金桔，切開、去籽	500公克
橄欖油	250毫升
白酒醋	250毫升
二砂	150公克
香草莢，切開	半支

作 法

1　製作橄欖油蜜漬金桔。將所有材料混合、加熱至沸騰，冷卻後放入冰箱，靜置一晚即可備用。

2　將馬斯卡彭乳酪和鮮奶油、檸檬汁、糖混合至均勻滑順即可冷藏備用。

3　將所有材料裝盤即可。

焦糖蜂蜜布丁吐司

TOAST PUDDING

這道料理的麵包材料可以用任何一種質地較扎實的麵包取代，最好是存放了兩、三天的，效果會很好。香蕉會增加布丁麵包的香氣和滑順的口感，櫻桃果醬可以用任何酸甜口感的當季水果替代。

材料	4人份
布里歐許吐司，	
撕塊	250公克
鮮奶油	625毫升
糖	30公克
蜂蜜	30公克
蛋	4顆
香草莢，切開	半支
香蕉，去皮切塊	2根
焦糖堅果	
糖	50公克
夏威夷果，烤香	35公克
櫻桃果醬	
櫻桃，去籽	250公克
糖	100公克
萊姆酒	10毫升
檸檬鮮奶油	
檸檬，榨汁	半顆
鮮奶油	150公克

作法

1　製作櫻桃果醬。將所有材料放進燉鍋內加熱至櫻桃果肉軟嫩即可。

2　製作焦糖堅果。將糖放進平底鍋內加熱融化，接著轉小火持續加熱至焦糖化，加熱中不要以任何器具攪拌，避免結晶化，最後放進夏威夷果拌勻。取出放在烤盤紙上降溫、切碎備用。

3　製作布丁吐司。將鮮奶油、糖、蜂蜜、蛋、香草莢混合均勻，接著和吐司與香蕉在烤盤內混合靜置10分鐘，放進攝氏170度的烤箱中加熱至表面金黃即可取出備用。

4　準備檸檬鮮奶油，將材料混合至濃稠即可備用。

5　將作法3的布丁吐司表面撒上適量的糖（不在材料單內），以噴火槍燒出焦糖。和檸檬鮮奶油、櫻桃果醬、焦糖堅果一起裝盤即可。

抹茶蜂蜜費南雪
MATCHA HONEY FINANCIER

做法簡單卻美味到不行的傳統法式小點，據傳是源自巴黎的金融區，做成長條狀如同金磚一般，我想就像台灣的金元寶吧？這個配方我改成日式的抹茶口味，製作時請買品質好的抹茶粉，千萬不要用混入奶精和糖粉的半成品，風味差很多的。

材 料	約8-10個
奶油	110公克
糖粉	60公克
低筋麵粉	45公克
抹茶粉	7公克
杏仁粉	50公克
蛋白	3顆
鹽	一小撮
蜂蜜	50公克
其他	
糖粉	少許

作 法

1　將奶油放入醬汁鍋內，以小火加熱到奶油呈現淡淡的褐色後取出，降溫備用。

2　糖粉、麵粉、抹茶粉一起過篩，然後混入杏仁粉拌勻。

3　蛋白加入一小撮鹽，打到像啤酒泡泡備用。

4　依序混合作法2的粉類和作法3的蛋白，再加入奶油，最後拌入蜂蜜即可。放入冰箱冷藏1小時或隔夜。

5　填入烤模後以攝氏180度烤約12分鐘即可，取出後撒上糖粉裝飾。

法式覆盆子克勞芙蒂

CLAFOUTIS

來自法國利姆森（Limousin）的糕點，傳統做法是塞入新鮮的去籽櫻桃後，烤成扁平的甜派，不過這邊我稍稍改良一下，做成杯子蛋糕的形狀，除了小巧可愛之外，焦香味更加厚實，每一顆克勞芙蒂都有濃濃的焦糖香氣，有點像是簡易偷懶版的可麗露，是我最喜歡的甜點之一。

材料	約8-10個
蛋糕體	
糖	43公克
香草莢	1/4根
低筋麵粉	30公克
鹽	一小撮
蛋黃	1顆
蛋	1顆
牛奶	82毫升
鮮奶油	82毫升
蘭姆酒	1小匙
冷凍覆盆子	10顆
裝飾	
鮮奶油	150毫升
糖粉	1小匙
杏仁酒，可省略	1小匙
冷凍覆盆子	5顆
其他	
軟奶油	適量
中筋麵粉	適量

作法

1. 製作蛋糕體。香草莢對剖後取籽，然後一起放入糖內，用手把籽搓出來，留下香草籽和糖。

2. 混合麵粉、香草糖和鹽。然後加入蛋黃和全蛋拌勻，請均勻地攪拌至沒有顆粒。

3. 加入牛奶、鮮奶油和蘭姆酒拌勻，然後放入冰箱休息一個小時。

4. 準備烤模。均勻的刷上一層軟奶油後，拍上一層薄的中筋麵粉。

5. 將麵糊填至七到八分滿，放入捏碎的覆盆子，放入烤箱以攝氏180度烤約40分鐘，取出後休息5分鐘然後脫膜，會凹陷下去是正常的。放涼備用。

6. 混合鮮奶油和糖粉打發到不會流動狀，然後拌入杏仁酒，用星型花嘴擠在杯子蛋糕邊緣一到兩圈，再撒上少許覆盆子和糖粉裝飾即可。

蜜桃香堤盅

PEACHES AND CHANTILLY CREAM

在家裡最常做的甜點其實是醃漬水果，看當季有什麼水果，混些糖、利口酒和調味料，靜置一會即可，完全沒有難度，是一道沒有機會失敗的餐後點心。若嫌酥皮球太麻煩的話，就用現成的消化餅或威化餅取代吧。

材 料　　　　3-4 杯

醃水果

水蜜桃，切丁	
可用蘋果或梨子取代	約 3-4 顆
櫻桃	6 顆
檸檬，取皮和汁	約 1 顆
薄荷	一小把
糖	3-4 大匙
鹽	一小撮
蘭姆酒	1 大匙

酥皮球（crumble）

中筋麵粉	80 公克
杏仁粉	40 公克
冰奶油	80 公克
糖	1 小匙
鹽	1/4 小匙
水	少許

香堤鮮奶油

鮮奶油	150 公克
糖粉	約 1 小匙
橙酒，可省略	1 小匙

作 法

1　將水蜜桃切塊、櫻桃去籽後對切，檸檬取皮和汁，接著取一個缽，混合所有醃水果的材料醃漬約一小時。試試看味道調整一下酸度和甜度。

2　製作酥皮球，在平面上用手混合麵粉、杏仁粉和奶油，加入糖、鹽拌勻，用手把奶油和麵粉搓開來，慢慢加入少許的水，直到可以成型即可。

3　捏成一顆一顆的球狀，放在鋪好烘焙紙的烤盤上，放入烤箱以攝氏 180 度烤約 30 分鐘後取出。

4　製作香堤鮮奶油，混合鮮奶油、糖粉後打到緩慢流動狀，然後拌入橙酒。

5　取透明杯子，依序填入酥皮球、醃水果和香堤鮮奶油即可，表面以檸檬皮和薄荷葉裝飾。

醃牛肉芥末貝果

SALTED BEEF BAGEL

在倫敦旅行時，無意間吃到後就成了摯愛。英式芥末幾乎和日式芥末一樣嗆，拿來為牛肉解膩非常適合。另外，使用水蒸的方式回溫貝果，比用烤箱來得好吃一百倍。

材 料	4人份
原味貝果	4個
英式芥末	133公克
辣根醬	33公克
芝麻葉	33公克
水	330毫升
鹽漬牛肉	
牛肋條	330公克
海鹽	67公克
紅糖	33公克
大蒜	1瓣
丁香	2粒
胡椒	3粒
茴香籽	3公克
法式芥末	20公克

作 法

1 準備鹽漬牛肉。除了牛肉之外將所有材料混合煮滾放涼。將醃漬液和牛肉混合，裝入真空袋中冷藏兩天醃漬入味。

2 將醃漬牛肉取出，水煮至軟嫩，即可裹上英式芥末備用。

3 將所有材料夾入貝果，裝盤即可。

紅茶無花果蛋糕

BLACK TEA POUND CAKE

磅蛋糕最好能在刷上糖水後靜置冷藏冰箱一天（雖然我喜歡放室溫，口感較滑順，但保存期會縮短），才能讓糖水浸透整個蛋糕。手打的鮮奶油永遠比機器打的好吃一百倍。這裡使用的紅茶葉也可以用任何一種你喜歡的茶葉或香料取代。

材　料	4人份
無花果乾	60公克
蘭姆酒	70公克
無鹽奶油	110公克
二砂	35公克
雞蛋	3顆
低筋麵粉	140公克
高筋麵粉	40公克
泡打粉	4公克
伯爵紅茶，磨碎	10公克

糖漿

蘭姆酒	20公克
水	100毫升
二砂	70公克
鮮奶油	100毫升

作　法

1. 將無花果乾泡進蘭姆酒裡放在室溫，靜置一晚備用。

2. 將奶油和糖混合打發，拌入雞蛋，混合均勻。

3. 將麵粉、泡打粉篩入作法2中，以刮刀混合成蛋糕麵糊。

4. 將紅茶粉、無花果拌入作法3的麵糊中，填入烤模中。以攝氏170度烤至蛋糕熟透後脫膜，放涼備用。

5. 製作糖漿。將蘭姆酒、水、糖混合煮滾，均勻地刷在蛋糕表面，即可將蛋糕切片盛盤。

炭烤漢堡

GRILL BURGER

炭火燒烤是我認為最棒的增香料理手法，無論是哪種素材，加上炭火風味就會讓人食慾大開。乳酪內餡真的得加上藍紋乳酪才夠味！墨西哥辣椒是成熟男人的風味，酸香嗆辣會讓漢堡的口感完全提升。

材　料	4人份
牛絞肉	800公克
墨西哥辣椒，切碎	50公克
巧達乳酪	100公克
藍紋乳酪	50公克
漢堡麵包	4個
紅洋蔥，切片	半顆
牛蕃茄，切片	1顆
美生菜，取葉	¼顆
美式芥末	50公克
番茄醬	50公克

作　法

1　將牛肉混合適量海鹽（不在材料單內），攪拌至產生黏性即可備用。

2　用牛絞肉將墨西哥辣椒和乳酪包起來，冷藏備用。

3　準備一口炭烤爐，將漢堡肉表面淋上適量的橄欖油（不在材料單內），放在烤爐上，兩面煎上色即可備用。

4　將漢堡麵包用炭火爐稍微烤一下，接著將所有材料裝盤即可。

越式鮮蝦生春捲

VIETNAMESE SHRIMP SPRING ROLL

在越南街頭巷尾都可找到的平民美食，在家製作起來一點也不難，調味時請控制好醬汁和醃漬蔬菜的味道，要小心魚露也是鹹味來源。而配方中的酸甜沾醬，可以另外當作南洋風味的沙拉佐醬，或是拌在米線內搭配川燙肉片與生鮮蔬菜，變成另一道美味的涼拌米線。做生春捲時請留意米紙一過水就會開始變軟，動作快一點以免變形就不好操作囉。

材　料	4人份
越南米紙	4大張
越南醃漬蔬菜	
青木瓜，刨絲	70公克
小黃瓜，刨絲	70公克
紅蘿蔔，刨絲	70公克
薑，剁碎	一個拇指大
鹽	少許
糖	少許
魚露	少許
檸檬汁	少許
越式酸甜沾醬	
魚露	2大匙
糖	1大匙
檸檬汁	1/2大匙
辣椒，剁碎	1/2大匙
大蒜，剁碎	1/2大匙
其他內餡	
蝦子，去泥後燙熟，	
冰鎮後對剖	8尾
美生菜，切絲	1/4顆
薄荷	適量
九層塔	適量
香菜	適量

作　法

【越南醃漬蔬菜】

1　蔬菜混合薑、鹽和糖，拌勻後醃漬約15分鐘，把多的水分擠掉後加入魚露和檸檬汁，試吃調整一下調味。

【越式酸甜沾醬】

1　全部材料混合均勻即可，事先做好讓糖有時間可以溶解。

【最後步驟】

1　將米紙迅速過水後鋪在桌上，擺上兩尾蝦子，放上生菜與香草，再擺上醃漬蔬菜，捲起後即可享用。

雞肉藍莓乳酪帕里尼

CHICKEN, BLUEBERRY AND CHEESE PANINI

這份食譜我把甜的果醬和鹹的乳酪搭配在一起，乳酪的鮮味配上藍莓優雅的香氣，使得義大利傳統三明治帕里尼（Panini）的風味變得非常有趣。蒙切哥（Manchego）是來自西班牙的乳酪，帶有淡淡的羊乳香氣，若買不到可用任何中軟質乳酪取代。家裡沒有烙烤盤或帕里尼機的話，先將麵包用烤箱烤到酥脆即可。

材　料	1人份
藍莓果醬	
藍莓（新鮮冷凍皆可）	60公克
糖	1-2大匙
鹽	一小撮
帕里尼	
雞胸肉	1片
鹽	少許
胡椒	少許
特級橄欖油	適量
拖鞋麵包，對剖	1條
第戎帶籽芥末醬	約1-2大匙
蒙切哥乳酪，刨片	60公克
芝麻葉或沙拉葉	一把
番茄，切片	1/2顆

作　法

1　混合藍莓果醬所有材料，煮到醬汁稍微濃稠即可。

2　加熱烙烤盤，雞肉雙面抹上鹽、胡椒和橄欖油後，放入鍋內用中火將雞肉煎熟，取出後放在砧板上休息，然後切成片狀備用。

3　拖鞋麵包對剖，兩層都抹上一層薄薄的第戎芥末醬，底層再抹上一層藍莓醬。上頭依序鋪上乳酪、雞肉、芝麻葉和番茄。

4　蓋起來後壓緊，放入烙烤盤或帕里尼機壓上色加熱，取出後即可享用。

鮭魚、櫛瓜與茄子法式鹹派

SALMON, ZUCCHINI AND EGGPLANT QUICHE

法式鹹派是人見人愛的一道菜，可當作午間輕食或野餐小點，我喜歡看冰箱裡有什麼材料，自由替換餡料。為避免烘烤時內餡過於濕潤，水份多的蔬果請先煎熟、烤熟，或是混一點鹽醃過然後擰乾。這個食譜裡我放了鮭魚，以及鮭魚的最佳好友，新鮮的蒔蘿。鹹派做得越厚的話，烘烤的時間要相對增加，烤到用小刀戳進去也不會有沾黏時就完成了。

材料　　6-7吋派模1個

派皮

中筋麵粉	125公克
冰奶油	60公克
鹽	一小撮
糖	一小撮
冰水	15公克

內餡

鮭魚	150公克
櫛瓜，切片	約80公克
茄子，切片	約80公克
蛋	2顆
鮮奶油	120公克
肉豆蔻	少許
洋蔥丁	35公克
新鮮蒔蘿，剁碎	適量
葛瑞爾乳酪（Gruyere Cheese）	
可用任何中軟質乳酪取代，	
切碎	40公克

作法

【派皮】

1　混合所有材料後，均勻地搓揉成麵團狀，擀成薄片鋪入烤模內，底部用叉子戳洞然後放入冰箱冷凍休息一個小時。

2　取出派皮後蓋上烘焙紙，壓滿金屬豆（可用穀物或豆子取代）以防膨脹。以攝氏180度烤約20分鐘，把豆子和烘焙紙取出再烤10分鐘。

【內餡】

1　加熱煎鍋，鮭魚抹上鹽、胡椒和橄欖油（不在材料單內）後，用大火把雙面煎上色，取出去皮、去刺備用。然後把櫛瓜和茄子撒上少許鹽後，入鍋煎熟。

2　製作奶醬內餡，混合蛋、鮮奶油、肉豆蔻、鹽與胡椒（不在材料單內），徹底打勻後拌入鮭魚、櫛瓜、茄子、洋蔥丁、蒔蘿和乳酪。

3　將奶醬餡料填入半熟的派皮內，放回烤箱繼續烤約30分鐘，直到內餡熟了就可取出。

烤南瓜田園沙拉

ROASTED PUMPKIN GARDEN SALAD

南瓜和肉桂一起烤是再經典不過的菜色，只要是南瓜的季節這就是一道必做的料理。無論是台灣的土肉桂或西式的桂枝，磨碎後和南瓜一起調理都是絕配。而香草材料可以用任何容易取得、風味清淡的香料取代。

材 料	2人份
南瓜，去籽切塊	半顆
肉桂，磨碎	1公克
初榨橄欖油	50毫克
小黃瓜，切片	半條
綜合生菜	300公克
馬鞭草（可以的話附花）	20公克
甜菊（可以的話附花）	20公克
奧勒岡（可以的話附花）	20公克
檸檬，榨汁	1顆

作 法

1　將南瓜與肉桂、海鹽與胡椒（不在材料單內）及橄欖油混合，放進烤箱內烤至熟即可。

2　將所有沙拉材料混合以海鹽與胡椒（不在材料單內）調味即可。

獵人風味烤蛋

ROASTED EGG WITH CHASSEUR SAUCE

這道料理請用找得到最新鮮的土雞蛋來製作。用麵包做成烤模將蛋放在裡面,做成外皮酥脆但內裡軟嫩的麵包烤蛋。獵人風味的原文是「Chasseur」,一般來說是指用洋菇和紅蔥頭炒成的配菜,但我喜歡在這裡面加入培根,增加油脂的香氣,再配上土雞蛋和麵包風味更迷人。

材　料	4人份
培根,切塊	600公克
洋菇,切塊	200公克
紅蔥頭,切塊	200公克
巧巴達麵包	4個
土雞蛋	4顆
九層塔(可以的話附花), 　　切碎	10公克
百里香	少許

作　法

1　將培根、洋菇與紅蔥頭以橄欖油(不在材料單內)炒香備用。

2　麵包切片,將中心部分壓緊打入全蛋,再將作法1與海鹽、胡椒(不在材料單內)均勻地撒在表面,即可放進烤箱內以攝氏190度烤熟後取出,撒上九層塔、百里香與橄欖油(不在材料單內)裝盤。

炙燒水果沙拉

WINTER FRUIT SALAD

水果類的材料入菜時一定得經過處理，好讓風味變得更濃郁。我最喜歡的就是用炙燒的方式，透過高溫濃縮表面的水分並且讓水果帶著一股焦香，簡單又快速就能讓水果的風味被提升到另一個層次。我還特地熬煮了和水果十分對味的巴薩米克醬汁增添風味。最後只要準備簡單並且帶點苦味的生菜均衡水果的甜味就大功告成。

材料	4人份
紅心芭樂，切塊	1顆
芭蕉，切塊	3根
哈密瓜，切塊	1/4顆
西瓜，切塊	200公克
綜合生菜	300公克
初榨橄欖油	50毫升
第戎芥末醬	20公克
檸檬，榨汁	1顆

巴薩米克醬汁

巴薩米克酒醋	200毫升
蜂蜜	50毫升

作法

1　將所有水果以燒熱的網烤鍋煎上色備用。

2　製作巴薩米克醬汁，將所有材料混合，濃縮至1/3即可。

3　將生菜以初榨橄欖油、第戎芥末醬與檸檬調味後放上水果即可裝盤，淋上巴薩米克醬汁，撒上適量的海鹽及胡椒（不在材料單內）就完成了。

紙包烤雞佐香草莎莎醬

ROASTED CHICKEN WITH MIXED HERB SALSA

紙包烤是一個非常傳統的法式烹調手法，主要用在海鮮料理。作用像「蒸」一樣，會保留食材的原味並且讓材料軟嫩，但這一次我打算拿來調理難得拿到的土雞肉，並且搭配有很棒煙燻風味的甜椒醬汁和帕瑪火腿一起蒸烤，襯托土雞肉的自然甜味與油脂香氣，另外也搭配香草莎莎醬讓整道菜增加清爽的口感。

材 料	2人份
土雞腿	1支
帕瑪火腿	2片
青蔥，切段	1支
玉米，取肉	1根
洋菇，切片	10顆
甜椒醬汁	
紅甜椒	1顆
小番茄	100公克
紅椒粉	30公克
紅辣椒粉	5公克
紅蔥頭	20公克
大蒜	10公克
橄欖油	100毫升
香草莎莎醬	
奧勒岡，取葉	20公克
青蔥，切塊	10公克
九層塔，取葉	20公克
百里香，取葉	20公克
西洋芹，切塊	20公克
洋蔥，切塊	40公克
大蒜，切塊	20公克
原味優格	500公克

作 法

1　將土雞腿去骨，皮面以橄欖油平底鍋煎上色即可備用。

2　製作甜椒醬汁。將甜椒表皮抹上一層橄欖油，以噴火槍炙燒至全黑。再洗去即可完成去皮。

3　延續作法2，將所有材料以食物調理機混合，即可以海鹽與胡椒（不在材料單內）調味備用。

4　製作香草莎莎醬，以食物調理機混合所有材料，以海鹽與胡椒（不在材料單內）調味即可。

5　準備一張A3大小的烤盤紙，淋上適量的橄欖油（不在材料單內），包進作法3的醬汁、帕瑪火腿、青蔥、玉米、洋菇與處理好的雞腿，放入攝氏200度的烤箱加熱至熟即可取出，和香草莎莎醬一起裝盤。

番茄乳酪披薩

TOMATO AND CHEESE PIZZA

製作披薩麵團不難，難的是如何把餅皮烤得好吃。家用烤箱烤溫頂多攝氏250或300度，與專業廚房內的石窯比起來有些差距，所以烤披薩時請把烤箱預熱至最高溫，若有烤盤或石板也先放進去預熱，盡量做出高溫的環境。我喜歡很薄的餅皮，在還沒練到專業師傅可以靠手甩開麵團之前，偷偷在廚房裡用擀麵棍擀開其實不會有人發現的。

材　料	約 3-4 個
披薩麵團	
溫水	135 毫升
糖	1/2 小匙
乾酵母	3-4 公克
高筋麵粉	175 公克
杜蘭小麥粉	75 公克
鹽	1 大撮
特級橄欖油	少許
餡料	
番茄糊（Paste）約 400 公克	
冷凍絲狀莫佐瑞拉起司	200-300 公克
帕瑪森乾酪	50 公克
甜羅勒或九層塔	一大把
特級橄欖油	少許

作　法

1　製作披薩麵團。混合溫水、糖和乾酵母，攪拌均勻後休息15分鐘，讓酵母活化。

2　混合高筋麵粉和杜蘭小麥粉，鋪在桌上並在中心挖一個火山口，放入作法1的液體、鹽和特級橄欖油，持續攪拌均勻，適度地用額外的麵粉或水來控制乾濕度，直到不黏手的光滑狀。

3　持續搓揉麵團約十分鐘，直到筋性出來、有彈性後，放入大缽內，蓋上濕布放在溫暖潮濕的地方發酵約一個小時。

4　麵團發到兩倍大後取出，快速搓揉一下後分成3-4等份，然後展開成薄麵皮，鋪在烘焙紙上備用。

5　抹上番茄糊、並撒上兩種乳酪、甜羅勒和橄欖油，放入以攝氏280度烤約8至10分鐘，直到表面變成金黃色即可取出。

酥炸鮭魚條
佐薄荷青豆泥

FRIED SALMON CHIPS WITH MIXED PEA MASH

可以用任何一種脂肪豐厚的魚種代替鮭魚，全麥麵包的發酵香氣可以帶出鮭魚油脂的風味。至於多出來的麵包粉可以徹底風乾後，密封至於室溫保存就好。

材　料	4人份
全麥麵包	100公克
鮭魚，去骨、皮	400公克
雞蛋，打散	1顆
中筋麵粉	100公克
薄荷青豆泥	
奶油	10公克
青豆	300公克
薄荷葉	50公克

作　法

1　將全麥麵包切塊，烤乾後以食物調理機打碎備用。

2　將鮭魚以麵粉、蛋、全麥麵包粉沾裹魚肉表面，下鍋油炸至金黃即可。

3　將平底鍋加熱，融化奶油。放進青豆煮軟，混合薄荷葉均勻打成泥狀備用。

4　將所有材料盛盤，以海鹽與胡椒（不材料單內）調味即可。

美味蟹肉餅和
藍紋乳酪沙拉

CRAB CAKE WITH BLUE CHEESE SALAD

這是一道英國經典菜色。如果不想挑戰從生鮮螃蟹開始處理蟹肉，用蟹肉罐頭是個不錯的選擇。搭配的藍紋乳酪，雖然氣味不太討喜，卻是個深切愛上藍紋乳酪的好時機。

材 料	3人份
蟹肉餅	
蟹肉	500公克
紅甜椒，切碎	150公克
青蔥，切碎	1支
全蛋，打散	半顆
蛋黃，打散	半顆
HEINZ 美乃滋	45公克
麵包粉	250公克
藍紋乳酪沙拉	
藍紋乳酪	40公克
核桃	25公克
蘋果，切片	1顆
蜂蜜	25公克
酸奶	25公克
綜合生菜	50公克

作 法

1　將蟹肉混入所有蟹肉餅材料，整型成餅狀，撒上適量麵粉（不在材料單內），以平底鍋用橄欖油煎至兩面金黃即可。

2　製作藍紋乳酪沙拉。將藍紋乳酪和核桃、蘋果、蜂蜜、酸奶與綜合生菜一起裝盤。

3　將所有材料裝盤，以海鹽、胡椒與橄欖油調味（不在材料單內）即可。

印度提卡咖哩雞

CHICKEN TIKKA MASALA

提卡咖哩雞是我最喜歡的印度咖哩之一，可嘗到清爽的番茄酸味，與潤口細緻的咖哩醬汁。製作時先將雞肉與優格和香料一起醃漬，入烤箱燒烤到表皮焦黃，再與醬汁一起熬煮。我喜歡一口氣多做一些起來，放個一兩天再吃味道也很棒。

材料　　　　　　5人份

醃漬雞肉
雞腿肉，切塊	300公克
洋蔥，切塊	1/2顆
番茄、紅椒、青椒	各1顆
檸檬，取汁	約1顆
無糖原味優格	約200公克
胡荽粉、辣椒粉	各1小匙
小茴香籽	1/4茶匙

乾炒香料
奶油	約1/2大匙
肉桂棒	1根
丁香	3根
小荳蔻	4-6顆
月桂葉	1片

燉煮香料
孜然粉、鬱金香粉	各1/2小匙
胡荽粉	1-2小匙
辣椒粉	1小匙

其他
大蒜，拍過	3顆
薑，拍過	約1個拇指大
洋蔥	1顆
番茄	2顆
腰果或任何堅果	50公克
新鮮香菜葉	1大把
鮮奶油	約1/2杯
印度米或白米	5人份

作法

1. 混合醃漬雞肉的所有食材和少許鹽，醃漬至少30分鐘。
2. 按摩均勻後鋪平在烤盤上，放入烤箱以攝氏200度烤約30分鐘，直到食材表面上色。
3. 準備一燉鍋，下油熱鍋後，用小火炒香乾炒香料（肉桂棒、丁香、小豆蔻、月桂葉）。
4. 把其他材料裡的大蒜、薑和洋蔥一起打成泥，然後放入鍋內用中火炒約3-5分鐘，直到炒出香氣。
5. 把番茄和腰果一起打成泥，然後放入鍋內拌炒3-5分鐘。
6. 加入燉煮香料（孜然粉、鬱金香、胡荽、辣椒粉），並用鹽調味。
7. 加入烤好的雞肉和蔬菜，稍微燉煮過後淋上鮮奶油拌勻，熄火後撒上香菜葉。
8. 搭配事先煮好的米飯一起享用。

辣味雪利酒淡菜

STEAMED MUSSELS WITH SHERRY

淡菜（或稱孔雀蛤）在台灣不是太難取得的材料，但若是嫌麻煩，也可以用手邊任何一種貝類來做這道料理。如果家裡沒有雪莉酒，也可以試試紹興酒。調味的時候下鹽秀氣點！別忘了貝類本身的鹹味就已經很足了，試吃永遠是最保險的。

材　料	2人份
紅洋蔥，切碎	33公克
大蒜，切碎	20公克
墨西哥辣椒，切碎	13公克
紅辣椒，切碎	13公克
培根，切絲	20公克
淡菜	400公克
雪利酒	20毫升
平葉巴西里，切碎	10公克
檸檬，刨皮	半顆
紅椒粉	7公克

作　法

1　加熱一口湯鍋，加入適量橄欖油（不在材料單內），將紅洋蔥、大蒜、兩種辣椒、以及培根炒香。

2　加入淡菜，翻炒一下後加入雪利酒悶煮5分鐘即可以海鹽、胡椒（不在材料單內）調味，最後裝盤撒上檸檬皮、平葉巴西里與紅椒粉即可。

番茄乳酪
金華火腿麵包塔

TOMATO BRUSCHETTA

試試看將東西方的料理法和材料混搭，幾乎每次都會讓人驚豔。麵包塔是最簡單也最受歡迎的派對小點，挑選那些有點醜或摸起來熟透的番茄作為材料，會讓麵包塔更有味更好吃。

材　料	3人份
聖女番茄，切塊	100公克
黑柿番茄，切塊	1顆
黃金小番茄，切塊	100公克
巧巴達麵包，切片	200公克
馬斯卡彭乳酪	50公克
卡門貝爾乳酪，捏碎	80公克
金華火腿，切片	50公克
蜂蜜	50公克
柳橙，刨皮	1顆

作　法

1　將所有番茄混合，以適量的海鹽、胡椒與橄欖油（不在材料單內）調味。

2　將麵包表面抹上橄欖油（不在材料單內），以網烤鍋煎上色放涼備用。

3　將麵包抹上馬斯卡彭乳酪，接著將所有材料放上，裝盤即可。

西班牙蒜香橄欖油鮮蝦

SHRIMP IN GARLIC

快速又簡易的西班牙下酒前菜，我喜歡將剝下來的蝦殼先與橄欖油一起拌炒，用比平常還要多的橄欖油來做這道菜，因為大蒜和鮮蝦的風味都會融入油脂內，變成佐醬的一部分，搭配烤到酥脆的麵包嘗起來很是過癮。烹煮時記得在鍋內把蝦頭壓過，讓蝦膏的風味也釋放出來噢。

材　料	2人份
草蝦	12尾
特級橄欖油	100毫升
大蒜，拍過	5瓣
紅辣椒	½根
鹽	少許
胡椒	少許
甜椒粉	1/2茶匙
巴西里葉，剁碎	一小把
拐杖麵包，切片	4片

作　法

1　將草蝦剝殼留下尾巴，去掉腸泥並開背備用。

2　將橄欖油倒入平底鍋內加熱，然後把蝦頭和蝦殼放進去用中火炒香。

3　等蝦殼都變紅色後濾起來，留下蝦味橄欖油。

4　大蒜拍過後剁碎，辣椒切片後一起放入鍋中用中小火拌炒。

5　變成金黃色澤而且風味出來後，放入草蝦用中大火煎上色。

6　蝦子煮熟後關火，撒入鹽、胡椒、甜椒粉和剁碎的巴西里葉調味，搭配麵包一起享用。

Chef
Answer Me !

—— 雙 廚 下 凡 來 解 答 ——

料理技巧篇

Q1 煎牛排的訣竅？什麼部位該怎麼煎？用什麼鍋最不易失敗？一定要不沾鍋嗎？

看油花筋肉分布。例如沙朗、菲力等部位，就適合用煎烤的方式料理。至於煎烤的訣竅，一定要將肉放到室溫約半小時至一小時左右，表面的水分需要擦乾。如此才能夠肉的表面煎到上色、香味濃郁，內裡的熟度也均勻。任何你習慣的鍋具都可以使用，我自己偏好不沾鍋、鑄鐵鍋或是直接用炭火燒烤。

Q2 食材或調味料的比例一定要精準嗎？

不一定，所有的食譜都是可以依照個人喜好調整的。

Q3 請問如何煎出漂亮的魚？因為我煎的魚，魚皮總是會脫皮，甚至還會皮肉分離。

首先，一定要準備一隻不會沾黏的平底鍋，魚肉下鍋時必須將表面的水分完全擦乾，就可以煎出有漂亮表皮的魚了。

Q4 煎肉類是否需要完全退冰？

是的。除了退冰之外，也必須將肉置於室溫至少半個小時回溫，讓肉可以均勻的內外受熱。

Q5 請問香料油的製作方式！

我最喜歡的方式，是將新鮮香料及葡萄籽油或任何口味清淡的油脂，一起放到食物調理機裡面混合攪打五分鐘，再過濾即可。

Q6 請告訴我牛肉不同部位適宜的烹調時間、熟的程度？

適合煎烤的菲力、沙朗以五到十分鐘短時間料理，以保留食材的原汁原味為主，適合燉煮的牛腱、肋條，則以半小時以上的長時間料理法，燉煮出香濃的湯汁為佳。

Q7 不管是雞、豬還是牛，如何煎出多汁又不會不熟的肉類？

其實最好的方式，就是使用真空烹調法來料理。最簡單的方式，就是買一支溫度計，將肉表面煎上色再放到烤箱裡以高溫燒烤，直到溫度計探測中心溫度達到攝氏58度即可。以任何一種肉來說這都是肉汁及口感的最大公因數。但也要注意肉的厚度，最好是三公分以上的厚度為佳。

Q8 紅酒燉牛肉要如何燉得軟嫩又醬汁濃郁？

要將肉燉得軟爛，必須要低溫，也就是一百度以下長時間燉煮，讓肉裡的結締組織軟化，如此一來肉塊便會變得軟爛。要煮出濃郁的醬汁則需要膠質及澱粉，膠質通常來自於製作高湯時骨頭及關節裡溶解出的物質，澱粉則來自麵粉或根莖類等材料，有了這兩類食材便可以讓湯汁變得濃郁。

Q9 炸排骨酥要如何炸得軟嫩又可以骨肉分離呢？是要先滷過嗎？

選擇比較軟爛的子排部位就可以了。

Q10 派皮食譜都不太一樣，低筋、中筋、有用牛奶、奶油多寡，差別是什麼？

麵粉的筋度，代表口感。筋度越高口感越硬、筋度越低口感越鬆。用牛奶主要是爲了香氣還有水分，奶油則是酥口程度，油量越多口感越酥。

Q11 煎完牛排的靜置過程，牛排常常會冷掉，有什麼建議的保溫方式嗎？

我非常不建議保溫牛排，因爲牛排放久了也會流失水分或是導致香氣流失。最好能夠馬上烤好馬上吃完，如果冷掉了就切成片做成沙拉吧。

Q12 一般吐司要烤多久才會金黃帶點焦脆又不會太硬呢？

在家烤吐司時，一定要記得預熱烤箱。直接轉到最高溫，比較容易把吐司烤得又香又酥。

Q13 大家都說煮湯要煮好時再加鹽調味，但就變成湯會鹹，而湯料完全沒鹹味，如果一開始就加鹽一起煮會怎樣？

我建議分成三段加鹽，一開始加一點鹽、熬煮到中間時再加一點、最後再完整的調味。便可以讓你的菜色完整入味。無論是什麼時候加鹽，記得要邊加邊試吃，前面兩段加鹽時切記不要加太重，免得最後救不回來。

Q14 酸辣口味的義大利麵要怎麼煮才不會覺得味道或是視覺太單調呢？

我會選擇用炒義大利麵料時類似的調味料，上面生拌一些五顏六色的蔬菜。

Q15 想做焦糖洋蔥，有分洋蔥的品種嗎？紫、橘、白？要炒到什麼程度才算好？

任何品種都可以。要炒到像龍眼乾一般的質感最夠味，顏色非常深、糖分非常濃郁，炒起來甚至會有黏性的感覺。

Q16 如果想燉鍋暖心暖胃的好湯（像雞湯或排骨湯），肉要入味軟嫩，湯要清甜或濃厚，火候及時間上，該如何調整呢？

其實每一種材料都有不同的燉煮時間。以雞來說是一個半至兩個小時；以豬肉來說是二至三個小時；以牛肉來說所則以六至十二小時爲基準，但要注意，按照這些時間燉出來的湯，味道會很濃郁但是湯料的口感會很柴不好吃。

Q17 是否有切菜的小祕訣？

多練習、多切到手……開玩笑的，手指頭記得要縮起來，且一定要多練習。

Q18 讓人有食慾的擺盤技巧？

想要讓食物看起來精緻，可以把食物集中到盤子中央，堆得高高的。如果想要有粗曠一點的感覺，就把食物滿滿的撒在盤子上，或是直接連著料理的鍋子端上桌，下面墊條布，看起來就會非常的豪邁。

Q19 如何切洋蔥？洋蔥很辣怎麼辦？

要用非常利的刀子切，無論是切絲或是切丁。洋蔥如果很辣可以先放在冰箱冷藏半天，可以降低辣度。

JOËL STYLE

Q20 如何好好使用與閱讀一本食譜？

每個人的料理方法和基礎不同，所以適合的食譜書也不盡相同。建議使用食譜書時，要記錄每一次料理的感覺，或是烹調時更改的地方，爾後做的時候就知道從哪邊下手、變化與進步。

Q21 照食譜做了菜，吃起來如果跟想像中的落差很大怎麼辦？

多做幾次，調整成你喜歡的口味就好，做菜嘛，自己喜歡最重要。我每次做完新的食譜都會記錄下來，下一次再做的時候就可以微調囉。

Q22 烹調肉類時，常常發生外面快焦了，裡面卻沒熟的情況，是不太會控制火侯造成的嗎？

是的！要保留外熟但肉排內部依然軟嫩多汁，是需要經驗的，建議將鍋子燒熱下肉排之後，按照肉排厚度調整火力，越厚的話火力要越溫和，或是先煎上色後放入烤箱烤到熟。除了控制火力之外，判斷肉有沒有熟也很重要！

Q23 做沙拉時每次都是買現成的醬汁，請問書裡有教醬汁做法嗎？

有喔。其實油醋醬非常簡單，我喜歡的做法是一份醋加入鹽、胡椒調味，然後對上三倍的特級橄欖油，醋的部分可任意取代，也可用檸檬汁，再添入任何你愛的調味料，如蜂蜜、香草或芥末醬。

Q24 為什麼烤出來的蛋白霜會黃黃的（烤了大概2個小時）？

溫度太高囉，試著降溫烤看看。

Q25 蛋白霜要怎麼焗出烤焦的效果？放烤箱絕對不行，會全部變黃色，跪求只有尖部變焦的做法！

有兩種做法，第一是用噴槍以中小火將表面燒上色。第二是將純糖粉篩在蛋白霜表面，入烤箱中上層以攝氏230度烤到你喜歡的狀態即可。

Q26 請問冷壓橄欖油能在食物煮好關火時馬上淋上去嗎？還是一定要等食物變涼才能加呢？

特級橄欖油在關火之後就可淋上去囉，等到菜涼了不會有點可惜和難過嗎？

Q27 什麼是最好的療癒食物？

對我來說「comfort food」除了食物本身質樸、溫暖之外，主要是與文化和回憶連結，例如現在半夜寫稿時，若能來上一碗我媽燉煮的花枝丸湯，撒上白胡椒和芹菜末，就是我的舒心美食。

Q28 燉飯可以先煮起來，冷藏備用，要吃時再加高湯煮成成品嗎？

如果想事先備起來的話，可以先把燉飯炒到下白酒的階段，燒掉酒精的嗆味後熄火，把燉飯鋪平放涼，冷藏保存，吃之前再對入高湯加熱煮熟即可。

Q29 如何拿捏每道菜的鹹度，有一定比例嗎？

很難有一定的比例，除了每種食材先天富有的鹹味不同之外，鹹味對上其他調味料時，在舌頭裡的感覺也會不一樣。建議你離火前多試吃幾次，慢慢調整鹹味，然後家裡固定用同一種鹽，久了就習慣了。

Q30 處理海鮮魚類後，要如何不讓腥味殘留在手上？

可以戴橡膠手套，或是處理完魚類之後，用帶酸的液體（例如加入幾滴檸檬汁的水）洗手，可去掉一部分的味道。

Q31 如何把冰箱剩餘的菜變成一道美味料理？

我喜歡回鍋加熱的時候，混入不同的香料，讓他們重新帶著靈魂回到人間，或是將所有的剩菜混著罐裝番茄泥入鍋，一起熬成燉煮雜燴，也是相當美味。原則上要看剩餘的食材是什麼種類再適度變化。

Q32 如何料理茄子？不會下太多油又不會讓皮變黑呢？

我近期最愛的茄子料理法，是將烙烤盤燒熱之後，直接把切片的茄子放進去，煎到兩面都上色、熟了，取出後拌入鹽即可。

Q33 如果水果的水份較多，有什麼方法可以縮短熬煮果醬的時間？

用口徑比較寬的鍋子，火開大一點，持續攪拌，這樣會收乾的比較快。

Q34 如何煮出漂亮的水煮蛋？我有照節目上的做法，在水中點醋＆在熱水鍋攪出漩渦，但是蛋白都會散掉；請問有無更厲害的祕訣？

建議你要加足夠的醋，水滾沸後可以聞到酸味的程度，然後把蛋打下去時，請確認鍋內的水沒有大滾，要不然也是會將蛋沖散。基本上可以省略漩渦沒有關係，那部分影響不大。

Q35 用奶油或鮮奶油入菜的溫度控制，如何避免油水分離？

避免長時間高溫加熱。我通常下鮮奶油入菜之後就會立刻把火轉小。如果份量不多的話，譬如說在做白醬義大利麵時油水分離，我會加入一點熱水，死命地攪拌通常可以救回來。

Q36 除了豬排外，還有哪種情形適合先沾蛋汁再裹乾粉？

所有你喜歡的肉排都可以沾上蛋汁後裹上麵包屑，製作出美味的酥脆表皮，像是魚排、雞肉或是蝦肉都好。這本書裡分享了我很喜歡的米蘭式牛排，有異曲同工之妙。

Q37 煮食前醃肉跟醃魚到底能不能放鹽？還是煮完之後才放？烤魚呢？

一定要先放鹽，要不然只有表皮帶鹹味，中心卻是原味。有一說牛排要等到煎好前一刻才下鹽調味，不過無論如何在鍋內烹煮時一定要下鹽就是了。

Q38 如何亨煮肉質不柴又軟嫩的雞肉料理（含雞胸肉）？

如果時間夠可以試試濃鹽水醃漬法，把雞肉泡在含5.5%鹽量的濃鹽水一晚，擦乾後再用大火烹調，肌理絕對富含湯汁。或是可用低溫真空烹調法，抽真空後低溫泡熟，取出擦乾再用大火煎到表皮酥脆。當然，你可以學會、習慣用手去按壓判斷肉類熟度，是最簡單的方法，這樣就不會煮過頭囉。

Q39 為何製作派皮有時會散開，有時卻不會，散開時就算放回冰箱再拿出來還是一樣無法順利擀成形？

派皮會散開有很多原因，可能乾濕比例不對，也有可能剛從冰箱拿出來太硬，塑形力還沒恢復。遇到太冰、太硬的情況請先用擀麵棍把派皮敲軟，這樣子再擀開就輕鬆多了。不過若真的散掉的話，沾點水黏在一起也是沒有問題的。

Q40 怎樣快速刀切洋蔥才不會眼睛流淚？

刀子要利，手腳也要俐落。

Q41 想問如果先做好香料紅酒燉洋梨然後用真空機一個一個與醬汁一起裝好可放多久？ 是不是這樣做可以節省燉煮的時間？

在真空袋內可以冷藏保存約一週，不過是在沒有碰到生水的條件下才行。真空的環境入味的速度會加快，我建議你快燉到喜歡的軟嫩程度時離火放涼，再用真空袋保存讓它們繼續入味。

SOAC
STYLE

EASY & FAST

CHAPTER
TWO

烤菜蛋

PAN ROASTED VEGETABLES

簡易、快速、輕鬆，烤菜蛋就是一道這樣的料理。比起單純將蔬菜淋上油放進烤箱，增加翻炒過後的焦化香味更迷人。在烤箱裡，和焦化過的蔬菜一起烘烤得軟嫩香濃雞蛋，在出爐享用時，會成為帶有鹹香的天然醬汁，這點請好好享受。

材　料	3人份
高麗菜，切絲	250公克
青蒜，切碎	50公克
蘆筍（選比較粗的），切塊	9支
迷迭香，取葉	10公克
雞蛋	1顆
帕瑪火腿（Prosciutto di Parma）	
	3片

作　法

1　加熱烙烤鍋（或焗烤盤），將高麗菜、青蒜、蘆筍和迷迭香放入鍋中，以橄欖油（不在材料單內）炒軟，加入適量海鹽與胡椒（不在材料單內）調味。

2　將雞蛋打入鍋內，連鍋放進預熱至攝氏170度的烤箱加熱8分鐘即可取出，撒上胡椒（不在材料單內）與帕瑪火腿上桌。

酪梨布蕾

AVOCADO CRÈME BRULEE

這大概是我有生以來做過最快速的布蕾食譜。酪梨本身的乳脂口感與打成泥後的濃稠度，可以完美地創造出傳統布蕾的滑順質地。害怕酪梨腥味的話也可以用芭蕉替代酪梨嘗試看看。檸檬也是防止酪梨變色的最好材料，千萬別省略！

材　料	2人份
酪梨，去皮、籽	200公克
鮮奶油	125公克
香草莢	半支
二砂	50公克
檸檬，榨汁	1.5顆

作　法

1　將酪梨、鮮奶油、香草莢與糖以食物調理機混合至滑順，再拌入檸檬汁備用。

2　將作法1分裝至烤皿，放入預熱至攝氏180度的烤箱中加熱5分鐘，即可放入冰箱冷藏備用。

3　將作法2撒上適量的糖（不在材料單內），以噴火槍燒出焦糖即可。

迷迭香雞肉串

ROSEMARY CHICKEN SKEWER

用硬實的迷迭香梗取代竹串，烘烤時會散發自然的木質香氣，有點老派的浪漫，強烈的風味讓這道菜吃起來相當爽快，喜歡的話可串一些蔬果或澱粉增加飽足感，例如煮熟的馬鈴薯或麵包，另外改用魚肉塊也是很棒的選擇。

材　料	2人份
迷迭香，	
請挑選大根、粗梗的	6大根
雞胸肉，切塊	2片
鹽	適量
胡椒	適量
特級橄欖油	數大匙
檸檬，切角	1顆

作　法

1 逆著迷迭香的生長方向用手把葉子搓拔下來，頂端的葉子不要全部拔光，用刀子把尾端的梗切尖備用。

2 將雞肉切成塊狀，撒上少許的鹽、胡椒、橄欖油與一些作法1取下的葉子，按摩一下入味。

3 用迷迭香梗串起雞肉，放入燒熱的鍋子內用大火把表面迅速煎上色後，放入烤箱內以攝氏160度烤約10分鐘，直到雞肉熟了。

4 烤好的雞肉串配著檸檬角一起上桌。

紙包烤鮭魚與自製薯餅

SALMON EN PAPILLOTE

用烘焙紙包覆著食材烘烤是個很棒的烹調方式，絕大多數的魚排都可以用這個方法，來保留魚排的湯汁與香氣。而製作馬鈴薯餅的訣竅是要有耐心，先從小球狀慢慢地煎上色，聚在一起後再壓成餅狀，紮實且帶焦香的味道會讓人上癮。

材　料	2人份
厚切鮭魚	2塊
鹽	適量
胡椒	適量
特級橄欖油	少許
洋蔥，切絲	1/2顆
柳橙，切片	1顆
酸豆	2大匙
蒔蘿　，剁碎， 　　可用青蔥取代	一小把
奶油	少許
馬鈴薯	4顆

作　法

1　烘焙紙鋪底備用。

2　鮭魚雙面抹上鹽、胡椒和橄欖油，與洋蔥、柳橙、酸豆和蒔蘿一起放上烘焙紙。

3　將烘焙紙包緊，放入預熱好的烤箱以攝氏200度烤約15至20分鐘，直到鮭魚熟後取出。

4　將馬鈴薯去皮後刨成絲，加入鹽稍微搓揉一下，靜置10分鐘後把多的湯汁用力捏緊濾掉，再次加入少許鹽和胡椒，試一下味道。

5　下奶油在平底煎鍋內，鍋子熱了以後把馬鈴薯捏成小球放進去，煎到底部變成金黃色澤後翻面，同樣煎上色後把馬鈴薯炒開，再用炒勺把馬鈴薯聚成球狀，溫柔地壓開散成圓餅狀。

6　用中小火把馬鈴薯餅底部上色後，翻面同樣煎上色即可。

7　鮭魚烤好後取出放在盤子上撕開，和馬鈴薯餅一起享用，喜歡的話可搭配少許酸奶。

明蝦潛艇堡

PRAWN SUBWAY

這道料理裡的明蝦也可以用白蝦或草蝦替代。當季的芒果搭配海鮮料理相當適合，如果沒有芒果也可以用其它軟質的水果代替。餐包用奶油煎過後的口感及風味都會變得更濃郁迷人。當水果的香氣和明蝦、魚卵鮮味混合在一起時，會與煎得香脆的麵包與鮮奶油完美融合，產生香甜的鹹香海味。

材 料	4人份
明蝦	670公克
新種馬鈴薯	200公克
雞蛋	4顆
美乃滋	30公克
酸奶	67公克
紅椒粉	13公克
青蔥，切碎	30公克
長形餐包	4條
英式芥末醬	67公克
愛文芒果，去皮取肉、切丁	1顆
紅洋蔥，切碎	1/3顆
蝦卵	30公克
鮭魚卵	30公克
茴香，切碎	13公克

作 法

1　將明蝦、馬鈴薯、雞蛋，分別以熱水燙熟，放涼。去皮剝殼後切塊備用。

2　將作法1混合美乃滋、酸奶、紅椒粉和青蔥備用。

3　將長形餐包以奶油煎上色，剖開抹上芥末醬備用。

4　將作法2的沙拉先填入餐包，接著依序放入明蝦、芒果、紅洋蔥、鮭魚卵、蝦卵與茴香即可。

開心果巧克力凍糕

CHOCOLATE TERRINE

其實任何一種吃剩的磅蛋糕都很適合拿來做這道再製甜點。軟化奶油的過程非常
重要，奶油是這道甜點連結、凝固所有素材的角色，可以說是成功的關鍵。牛奶
主要的功能除了增加風味外也是讓蛋糕口感滑順的重要因素，也可以用傳統浸潤
蛋糕的糖水來取代。

材料	4人份
牛奶	150毫升
香草莢	1支
無鹽奶油，	
置於室溫軟化	80公克
黑巧克力，切碎	100公克
白巧克力，切碎	100公克
開心果蛋糕	200公克
巧克力蛋糕	200公克
奶油蛋糕	100公克
酒漬櫻桃	60公克

作法

1　將牛奶和香草莢混合，煮滾後放涼和軟化的奶油混合備用。

2　將黑、白巧克力分別隔水加熱融化，並將作法1和所有材料一起裝進鋪了烘焙紙的烤皿，接著放進真空袋中，用真空封口機抽真空後冷凍，至少3小時。

3　將冷凍後的作法2取出，用浸泡過熱水的刀子切塊裝盤即可。

白 酒 燴 蛤 蜊

STEAMED CLAM IN WHITE WINE

在節目裡，這道菜原本是設計成九孔入菜，不過在這邊改成蛤蜊一樣美味，也比較好取得。台灣的蛤蜊品質好到不可思議，幾乎隨處都可買到這鮮甜肥美的帶殼寶貝，一起燴煮的白酒請挑選不甜（dry）的酒款，微微酸澀的味道讓這道菜吃起來更有層次感，上桌時請配著烤麵包一起享用。

材 料	2人份
蛤蜊	約300公克
特級橄欖油	約3大匙
洋蔥，切絲	1/4顆
大蒜，剁碎	3-4顆
紅辣椒，剁碎	1/2根
白酒	約150毫升
鹽	少許
胡椒	少許
巴西里葉，剁碎	一把
檸檬，切角	1/2顆

作 法

1　準備一大碗水，加入一大把鹽後放入蛤蜊快速拌勻，泡著直到沙都吐乾淨了，約需一到兩個小時。濾起蛤蜊，在清水下沖洗，雙手抓起蛤蜊並輕輕的摩擦表殼，把髒的表層去乾淨。

2　下油熱鍋，先將洋蔥炒到上色後，拌入大蒜和辣椒。

3　炒出香氣後，加入蛤蜊持續拌炒，約30秒後倒入白酒。

4　把火開大，將酒精的辣味燒掉，同時加入鹽和胡椒調味。

5　蛤蜊都開了後熄火，撒入一大把巴西里葉，以及適量的特級橄欖油調味，上桌時擺上檸檬角裝飾。

西班牙海鮮飯

PAELLA

海鮮飯的西班牙原文Paella是鍋子的意思,是道可用各種肉類或食材表現的料理,不一定是海鮮口味。傳統的西班牙鍋飯烹煮時不需一直拌炒,只要先將高湯燒滾,把米放進去靜靜燉煮即可,訣竅是控制好高湯與米的比例,高湯是米的兩倍,若口徑寬廣的鍋子可能需要多一些高湯。

材料　　　　6人份

海鮮高湯

特級橄欖油	少許
魚頭和魚骨,切塊	一大尾
蝦子取蝦頭和蝦殼,	
肉留著後面用	15尾
洋蔥,切塊	1/2顆
西洋芹,切段	1束
大蒜,拍過	2-3瓣
月桂葉	1片

西班牙鍋飯

特級橄欖油	約5大匙
透抽,切片或切塊	1隻
蝦肉	15尾
魚肉,切塊	1尾
洋蔥,切丁	1/2顆
紅甜椒,切丁或切條	1顆
大蒜,切條	2顆
番茄,切丁	2顆
甜椒粉	約1大匙
番紅花	一小撮
海鮮高湯	800-850毫升
青豆	一把
米	800毫升
蛤蜊,泡鹽水吐沙	15顆
巴西里葉,剁碎	一小把
檸檬,切角	1顆

作法

1　準備海鮮高湯。下油熱鍋,將魚頭、魚骨擦乾,和蝦殼、蝦頭入鍋用中大火煎炒到上色後取出。

2　再下一點橄欖油,用中小火把洋蔥、西洋芹和大蒜炒上色,放回作法1的海鮮,加入水蓋過材料,放入鹽、胡椒和月桂葉,煮滾後轉小火,燉煮約一個小時,把材料濾掉留下高湯。

3　另外準備一隻平底燉鍋,下油熱鍋後,用中大火分次將透抽、蝦肉和魚肉煎至上色後取出,用鹽和胡椒調味。

4　同一隻鍋子內再放一些橄欖油,將洋蔥用中小火拌炒至上色,再加入甜椒繼續拌炒成金黃色,約需要5分鐘。

5　加入大蒜和牛番茄,繼續拌炒約3至5分鐘。

6　接著放入甜椒粉和番紅花,拌炒約30秒後,倒入800毫升的海鮮高湯。

7　海鮮高湯煮滾後,把米和青豆均勻的放進去,再次用少許的鹽和胡椒調味,用中小火保持微滾煮約5分鐘後放入蛤蜊。

8　煮約5分鐘後撒上花枝、蝦肉和蛤蜊,繼續煮約4-5分鐘直到米飯熟了即可,若湯汁已經收乾米卻還沒熟,請適時的加入剩餘的海鮮高湯。上桌前撒上巴西里並以檸檬角裝飾。

藍莓檸檬蛋糕
BLUEBERRY LEMON CAKE

老派的奶油蛋糕，中間夾入清爽的香草檸檬奶醬，外層抹上打發的鮮奶油與杏仁片裝飾，上頭擺滿時令水果，光是外型就令人感到心情愉悅。製作蛋糕體時要留意全蛋打發的質地，打發後拉起攪拌頭時，流下的蛋汁不會馬上消泡化掉，反而變成條狀停留在表面。若蛋汁降溫了卻還沒打發，放到隔水加熱的爐火上再次回溫即可。若想要濕潤一點的蛋糕體，在冷卻、切片後可以再刷上一層糖漿。

材 料	6吋蛋糕模1個

海綿蛋糕

蛋	3顆
糖	65公克
鹽	一小撮
低筋麵粉,	
過篩	94公克
奶油,	
融成液態	30公克

檸檬奶醬

檸檬汁	約2-3顆
	75公克
奶油	60公克
糖	100公克
黃檸檬皮	1顆
香草莢	1/3根
蛋	3顆

香堤鮮奶油

鮮奶油	300公克
糖粉	約10公克
君度橙酒	1小匙

其他材料

新鮮藍莓	200公克
杏仁片,	
烤至上色	約50公克

作 法

【海綿蛋糕】

1 抹一些額外的軟奶油在烤模上,然後將烘焙紙剪成圓形和條狀黏上去,防止烤蛋糕時沾黏。

2 混合蛋、糖和鹽,隔水加熱並攪拌到蛋汁溫熱,離開火爐後繼續用機器把蛋汁打發。拉起攪拌頭時,淋在表面的蛋汁會變成立體的條狀,支撐一會也不會馬上化掉才行。

3 用切拌法溫柔地拌入麵粉,接著拌入奶油。

4 填入烤模內後放入烤箱以攝氏160度烤約10-15分鐘。烤到用小刀戳進中心無沾黏即可。

5 取出休息5分鐘後,脫膜放置冷卻,平切成三等份備用。

【檸檬奶醬】

1 混合奶油和檸檬汁,入鍋用中小火加熱至奶油融化。

2 在另一缽內放入糖,然後刮一顆檸檬皮進去,用手搓揉糖和檸檬皮把精油香氣帶出來。香草莢對剖取籽後也混入糖內。

3 把蛋打到作法2內,然後用打蛋器拌勻。

4 將作法1的檸檬奶油倒入作法3內,拌勻後倒回鍋內,以小火一邊加熱一邊攪拌至濃稠。

5 取出後過篩備用,放至冷卻即可使用。

【香堤鮮奶油】

1 混合鮮奶油和糖粉,打到不會流動的狀態即可,混入橙酒拌勻。

【其他材料】

1 將檸檬奶醬抹在兩層海綿蛋糕內,外面均勻地抹上一層鮮奶油。

2 側面貼滿杏仁片,表面用新鮮藍莓裝飾即可。

炸雞米花

CHICKEN POPCORN

這是一道不需要太多油也可以做出香酥風味的油炸料理。大家可以利用手邊的粉料來判斷油溫，只要將麵粉撒入已經達到適合油炸溫度的油鍋中，麵粉會先沉到油鍋中，再緩和的浮起，並冒出氣泡。太快浮起表示油溫過高；過慢或是沉到鍋底則是油溫過低。此外，花生油炸東西的風味比較好，建議使用花生油來做油炸料理。

材　料	2人份
雞胸肉	200公克
麵粉	500公克
辣椒粉	少許
沙拉油或花生油	2公升

作　法

1　將雞胸肉切丁，與麵粉、辣椒粉混合，稍微拍去多餘的材料後備用。

2　將沙拉油加入深平底鍋中，加熱到約攝氏190度，將作法1的雞肉放進鍋內炸至金黃即可撈出，瀝去多餘油脂後撒上辣椒粉、海鹽與胡椒（不在材料單內）調味即可。

田都里風味
雞肉沙拉
TANDOORI CHICKEN SALAD

這是一道製作快速，還不用洗鍋、不用開火的料理，非常適合作爲電視沙發族的便當菜。這道料理使用的馬沙拉（Masala）是印度最具代表性的綜合香料，主要材料有小豆蔻、小茴香、丁香和肉桂，常用來作爲印度拉茶及咖哩的主要材料。

材　料	2人份
紅蔥頭	6顆
香茅	40克
大紅辣椒	5根
花生	20公克
香菜	70公克
烤雞肉，撕碎	300公克
牛番茄，切丁	1顆
酸奶	100公克
馬沙拉綜合香料	5公克
黃檸檬，榨汁	1顆

作　法

1　準備杵臼把紅蔥頭、香茅、辣椒、花生、香菜、橄欖油、鹽、胡椒（不在材料單內）搗碎成糊狀。

2　將雞肉與番茄置於盤中，接著放上作法1的香料泥，淋上酸奶、馬沙拉香料、檸檬汁，最後撒上海鹽、胡椒與橄欖油（不在材料單內）即可。

墨西哥辣肉醬薄餅

MEXICAN SPICY MEAT SAUCE

世界各地都有不同的燉肉食譜，差異來自於香料和配菜的變化，這個配方下了墨西哥的綜合香料，所以有了熱情的拉丁美洲風味，那四個香料粉缺一不可，我在家通常會直接調好一罐，除了拿來燉肉醬之外，輕撒在肉排裡醃漬或拌在醬汁裡，即能立刻增添墨西哥風味。中美洲友人曾經吃過我做這道菜，說不像是餐廳的風格，反而有奶奶的家常滋味，我就無恥地當作是誇獎了。

材 料	3 人份
薄餅	3-5 片
墨西哥辣肉醬	
特級橄欖油	少許
洋蔥，切丁	1/2 顆
大蒜，切末	1 瓣
培根，剁碎	2 片
牛絞肉	150 公克
豬絞肉	100 公克
墨西哥綜合香料，見下方材料表	2 大匙
番茄泥	約 400 毫升
墨西哥辣椒，切丁	3-4 根
鹽	少許
胡椒	少許
墨西哥綜合香料	
辣椒粉	1 大匙
甜椒粉	1/2 小匙
奧勒岡粉	1/4 小匙
孜然粉	1 小匙
參考配料	
酸奶	150 毫升
紅洋蔥，切薄片	1/4 顆
番茄，切丁	1/2 顆
切達乳酪，刨絲	一把
香菜	一小把
蘿蔓或美生菜，切絲	1/2 束

作 法

【墨西哥辣肉醬】

1　下點油熱鍋，洋蔥炒到稍微上色後，放入大蒜與培根也炒到上色。然後加入絞肉，迅速地拌炒開來直到肉都快變成白色。

2　放入香料簡單拌炒過，不要炒超過一分鐘以免過苦。加入番茄泥、墨西哥辣椒、鹽和胡椒調味。

3　加入少量的水蓋過材料，蓋鍋悶煮並定時攪拌鍋底直至肉醬軟嫩即可，約需 1 個小時。

【最後步驟】

1　將薄餅煎或烤熱，撒上肉醬和配料即可。

百里香嫩煎雞腿佐鷹嘴豆泥

THYME FLAVORED CHICKEN LEG WITH HUMMUS

中東風味的鷹嘴豆泥（Hummus）是我的最愛，滑順的口感配上橄欖油的青草香氣，伴著餅皮或玉米片吃都很棒，有陣子在家宴客時常準備來招待朋友。道地的鷹嘴豆泥除了大蒜的辛香味與清爽的檸檬酸之外，一定要加入芝麻糊，在台灣不容易買到中東芝麻糊（Tahini），雖然味道不同，不過可以用台灣的白芝麻糊取代。

材　料　　　　1-2人份

作　法

百里香嫩煎雞腿

去骨雞腿肉	1隻
鹽	少許
胡椒	少許
百里香	一小把
檸檬，切片	1/2顆
洋蔥，切厚片	1/2顆
黃甜椒，切厚片	1/2顆
小番茄，對切	6顆
綜合沙拉葉	一小把
特級橄欖油	少許

鷹嘴豆泥

乾鷹嘴豆（Chick pea），泡水一晚	150公克
中東芝麻糊	20-30公克
檸檬汁	1小匙
大蒜	1-2瓣
鹽	少許
胡椒	少許
甜椒粉	少許
特級橄欖油	200毫升
玉米片（Nachos）	一把

【百里香嫩煎雞腿】

1　雞腿兩面撒上鹽、胡椒後，混合百里香、檸檬和橄欖油，拌勻後醃漬約30分鐘。

2　把雞肉表面的醃料剝掉，燒熱煎鍋，用中小火先將帶皮面煎到上色並釋放出油脂，翻面煎熟後取出備用。

3　另起一鍋，下油後用大火把洋蔥、甜椒、小番茄炒熟，下鹽、胡椒調味。

4　準備盛盤，炒蔬菜襯底，放上煎熟的雞腿排和少許的沙拉葉裝飾。

【鷹嘴豆泥】

1　把乾的鷹嘴豆泡水一晚，瀝乾後放入注滿冷水的鍋子裡，下一把鹽並開大火，煮滾後轉小火燉煮約30-50分鐘，直到豆子完全熟透。

2　把水濾掉後，混合芝麻糊、檸檬汁、大蒜、鹽、胡椒、橄欖油打成泥。

3　上桌時撒上甜椒粉裝飾，再淋上一些橄欖油，配著玉米片一起享用。

香料燉雞與北非小米

CHICKEN TAGINE WITH COUSCOUS

充滿北非風情的燉煮料理，用各種香料調配出的濃郁雞肉醬汁淋在乾鬆的北非小米上，讓人幾乎無法抵抗。喜歡的話，也可加入果乾或堅果一起熬煮，增加不同的口感。料理時若買到罐裝的鷹嘴豆，瀝乾後過水即可使用，若是乾燥的鷹嘴豆，需事先泡水一晚，然後在滾水內烹煮至少30分鐘，直到豆子熟了才可放入燉雞內。

材料	2-4人份
水	300毫升
特級橄欖油	1小匙
北非小米	250毫升
特級橄欖油	少許
去骨雞腿肉，切塊	2大支
洋蔥，切厚片	1顆
大蒜，拍過	2瓣
紅甜椒，切厚片	1顆
鷹嘴豆	30公克
無籽綠橄欖，捏碎	2大匙
肉桂粉	1/4小匙
孜然粉	1/2小匙
甜椒粉	1/2小匙
檸檬皮	1/2顆
鹽	少許
胡椒	少許
檸檬汁	1小匙
香菜，剁碎	一小把

作法

1　燒滾300毫升的水，加入一小把鹽和橄欖油後熄火，倒入北非小米，輕晃鍋子讓水可以均勻地蓋過北非小米。蓋鍋悶約10到15分鐘，開蓋後用叉子撥鬆即可。

2　另取一鍋，下油加熱後，以中大火將雞肉表面煎至上色，先從帶皮面開始煎，取出切塊備用。

3　同一隻鍋子內，用中小火把洋蔥煎炒到上色，然後放入大蒜和甜椒也炒到上色。

4　放入煎上色的雞肉、鷹嘴豆與橄欖，然後加入肉桂粉、孜然粉、甜椒粉、檸檬皮、鹽和胡椒調味，加入少許的水蓋過食材。轉小火蓋鍋燉煮約40分鐘，直到雞肉軟嫩。

5　上桌前加入檸檬汁並再次確認調味，以香菜裝飾即可。

義 式 生 旗 魚

SWORDFISH CARPACCIO

這是一道非常簡單又有特色的義式開胃菜，如果沒有旗魚其實拿生牛肉或是很新鮮的海鮮、魚類都可以這麼做。如果不喜歡生冷食物，光是番茄莎莎醬就可以拿來搭配玉米脆片做成另一道點心。

材 料	2人份
生旗魚，切薄片	
（約0.5公分）	200公克
酸奶油	10公克
帕瑪乳酪（整塊）	5公克
特級橄欖油	適量
番茄莎莎醬	
罐頭番茄	20公克
西洋芹	5公克
洋蔥	5公克
大蒜	5公克
墨西哥辣椒	5公克
香菜	1公克
青蔥	1公克
白酒醋	5毫升

作 法

1 以食物調理機將番茄莎莎醬的所有材料混合，以海鹽和胡椒（不在材料單內）調味即可。

2 將旗魚裝盤、淋上作法1，刨上帕瑪乳酪、淋上酸奶油與品質很好的特級橄欖油，最後撒上海鹽及胡椒（不在材料單內）即可。

超快速燉牛肉與乳酪棒

BEEF STEW WITH CHEESE PASTRY

沒有比這更簡單更快速的美味燉牛肉了。這道菜體現了燉菜最重要的特色：把所有東西扔進鍋內開火煮就行了。但更棒的是它只要半小時不到的時間就完成，而且完全不會失敗。燉菜該有的醬汁、香濃湯底的風味、菜料軟嫩、入味等等，最難的料理工作，罐頭已經燉好悶透、烹煮到味，一樣也沒少的幫你完成了。

乳酪棒則是利用一直被冷落在冰箱角落的酥皮，以簡單的方式做成經典的派對點心，口味也相當靈活。可以做成芝麻、香料、咖哩或是中東口味，就看你想要把什麼積存在乾料櫃上的香料給清掉。只要把香料撒一撒，稍微整個型，最後送進烤箱就搞定了。

材　料	2人份
燉牛肉	
煙燻胡椒牛肉，切塊	200公克
白酒	50毫升
奶油蘑菇濃湯罐頭	200毫升
雞高湯罐頭	200毫升
紅蘿蔔，切塊	30公克
洋蔥，切塊	50公克
西洋芹，切塊	30公克
大蒜	5公克
洋菇	20公克
乳酪棒	
冷凍酥皮	5片
帕瑪森乾酪，整塊	50公克
紅辣椒粉	10公克

作　法

1　將牛肉和白酒一起以小火煮5分鐘。

2　將奶油蘑菇濃湯、雞高湯、紅蘿蔔、洋蔥、西洋芹、大蒜及洋菇混合熬煮10分鐘，再以海鹽和胡椒（不在材料單內）調味備用。

3　製作乳酪棒。將冷凍酥皮切成條狀放置在烤盤上，等到放軟後磨上帕瑪森乾酪、撒上紅椒粉。

4　捏住酥皮兩端，扭轉成麻繩狀，以攝氏180度烤至金黃即可。

5　將乳酪棒與燉牛肉一起裝盤上桌。

煙花女義大利麵
SPAGHETTI ALLA PUTTANESCA

這道菜名翻譯的直白點其實就是婊子麵，罵人的那個婊子。說法很多，有人解釋是因為材料裡面用了大量南義風格的醃漬物，又有大蒜和辣椒當基底，所以嘗起來風味酸嗆十足，如同性工作者般婀娜多姿，用這鹹香又帶勁的菜色來吸引恩客上門也不為過。

傳統的做法不太會放乳酪收尾，對某些義大利人來說隨意更改道地食譜，簡直是犯了不可寬恕的大忌。不過我實在無法抗拒番茄醬汁配上乳酪的滋味，還是大膽地加了乳酪進去。

材料　　　　　2人份

義大利直麵（Spaghetti）
　　　　　　　2人份
特級橄欖油　　　少許
大蒜，剁碎　　2-3瓣
紅辣椒，切碎　　1/2根
鯷魚，剁碎　約3-4條
酸豆　　　　　1/2大匙
去籽黑橄欖，捏碎　6顆
罐頭番茄泥　約300公克
鹽　　　　　　　少許
胡椒　　　　　　少許
巴西里葉，剁碎　一小把
帕瑪森乾酪，
　　刨屑，可省略　少許

作法

1　燒一鍋沸水，在裡面加一大把鹽，然後把麵放進去煮至8分熟，參考包裝上的指示時間減少一、兩分鐘。

2　平底炒鍋內下橄欖油熱鍋，把大蒜放進去，以中小火加熱至大蒜開始冒泡後，放入辣椒和鯷魚，稍微拌過後加入酸豆和橄欖，拌炒2-3分鐘倒入番茄泥、少許的水、鹽和胡椒。

3　煮至滾沸後轉小火，燉煮約5分鐘。太酸的話可額外加入少許糖調味。

4　麵條煮好後濾起拌入炒鍋內，加入一大勺的煮麵水，用中大火加熱並保持滾沸，持續地攪拌鍋內材料。等到湯汁收至濃稠後，確認麵的硬度，還太硬的話就再加些煮麵水繼續煮。上桌前確認調味，並撒上巴西里葉和乳酪即可。

泰式涼拌鮪魚沙拉

THAI TUNA SALAD

特別替上班族設計的快速料理，在沒空上市場採買時，若能從櫥櫃裡翻出這些材料，就可立刻端出一道美味的泰式開胃菜。材料裡的棕櫚糖會讓這道料理的香氣更爲細緻，可以到南洋市場找找看，使用前先切碎或剁碎棕櫚糖，可減少等待融解的時間。

材 料	2人份
紅辣椒 ，切薄片	1支
紅蔥頭 ，切薄片	3顆
棕櫚糖或一般的糖	1小匙
魚露	2小匙
檸檬汁	1大匙
水煮鮪魚罐頭，瀝乾	1罐
芹菜，切5公分長，	
葉子一起用	一小把
薄荷葉	一小把

作 法

1　製作醬汁，混合辣椒、紅蔥頭、棕櫚糖、魚露和檸檬汁，攪拌均勻後待椰糖溶解掉試試看味道。

2　把醬汁和其他材料拌勻，再次試一下調味後即可上桌。

沖繩苦瓜炒餐肉

OKINAWA FRY SPAM WITH GOYA

沖繩曾被美國殖民,所以當地仍保有軍隊留下的歷史風味,且許多地方菜色都可看到罐頭餐肉的影子,苦瓜加上餐肉看起來是很衝突的組合,不過醬油的味道卻可將苦味和肉香味結合,是道大人會喜歡的料理。

跟台式炒苦瓜不同的地方是,在台灣我們會用鹹蛋提味,而沖繩則直接使用雞蛋混豆腐一起拌炒。

材　料	2人份
綠色山苦瓜, 　　對剖後用湯匙刮掉籽	1/2 條
沙拉油	1 大匙
SPAM 餐肉,切條	1/4 盒
蛋	2 顆
木棉豆腐 ,切小塊	150 公克
鹽麴,可用鹽取代	少許
胡椒	少許
清酒	1 大匙
醬油	1/2 大匙
七味粉	一小撮

作法

1　將苦瓜籽挖乾淨,斜切成薄片後,放入帶鹽的沸水內燙約15秒取出。取出後泡冰水瀝乾備用。

2　以中火熱一炒鍋,放入沙拉油後,把切條的餐肉放下去煎炒到上色,然後把苦瓜也加進去迅速拌過。

3　另取一個缽,先將蛋打散後把豆腐拌進去。接著一起倒入作法2的炒鍋內炒熟。

4　加入鹽麴、胡椒、清酒和醬油調味,上桌後撒上少許的七味粉提味。

番茄肉丸義大利麵

PASTA AND MEATBALL

肉丸要捏成一口大小才好和麵一起吃。番茄風味料理的訣竅就是在調味時下點糖進去，會讓味道變得柔和有深度。義大利麵裝盤時，一定要輕輕地讓麵落在盤上，這樣口感才會平衡，而不是把麵捲成一大塊扎實的毛線球。

材　料	4人份
牛絞肉	400公克
罐頭番茄	600公克
大蒜，拍開	5瓣
羅勒葉，	
取葉、撕碎	10公克
義大利手工雞蛋寬麵，	
煮熟	500公克
帕瑪森乾酪，刨片	100公克
平葉巴西里，取葉	少量

作　法

1　將牛絞肉混合適量海鹽（不在材料單內），捏成球狀以平底鍋加熱至表面金黃即可備用。

2　準備義大利麵。以大火煮滾一鍋熱水，放入少許海鹽（不在材料單內），當水完全滾沸時，放入生的義大利麵，轉成中火，並以不鏽鋼夾或長筷輕輕地攪拌麵條，避免麵條互相沾黏。煮到半熟（只要將包裝上的料理時間減少一分鐘約可煮至半熟狀態）即可撈起混合適量橄欖油（不在材料單內）備用。

3　加熱平底鍋。放入大蒜加熱至金黃即可加入罐頭番茄熬煮成醬汁，接著拌入義大利麵、肉丸與羅勒葉。

4　裝盤時，以平葉巴西里與帕瑪森乾酪酪裝飾即可。

XO 醬 海 鮮 脆 麵

SEAFOOD PAN FRIED CRISPY NOODLE

將麵煎脆的時候，油的量要下足一整口鍋子才容易成功。此外，料理天使細麵的時候一定要注意時間，稍微過頭都會讓麵的口感變得過軟。衡量時間最簡單的方法就是將包裝上的建議烹煮時間縮短一分鐘，就可以避免將麵條煮到過軟。

材 料	4人份
天使細麵	200公克
中捲，切塊	1隻
白蝦，去殼、留頭尾	6隻
紅辣椒，切片	1支
大蒜，切片	3瓣
洋蔥，切片	1/4顆
XO醬	30公克
紹興酒	5毫升
醬油	30毫升
烏醋	10毫升
梅林辣醬油	
（Worcestershire Sauce）	15毫升
太白粉，加水調成糊	20公克
青江菜，切塊	3棵
青蔥或巴西里，切碎	2根

作 法

1　將天使細麵以滾水煮熟，混合橄欖油（不在材料單內）備用。

2　將作法1的麵以平底鍋煎至定型備用。

3　加熱平底鍋及橄欖油（不在材料單內），將海鮮煎至表面上色後取出。再將紅辣椒、大蒜、洋蔥及XO醬炒香，接著加入紹興酒、醬油及適量的水（不在材料單內）煮滾。

4　延續作法3加入烏醋、梅林辣醬油，以海鹽與胡椒（不在材料單內）調味。最後以太白粉勾芡，加入煎過的海鮮及青江菜燴煮一下即可將青蔥下鍋攪拌一下，裝入碗內備用。

5　將作法2的麵餅切塊，附上作法4即可。

雙色雷米歐力麵餃

EGG AND TOMATO RAVIOLI

我喜歡趁空檔時一口氣做一堆麵餃起來，鋪平上盤放在冷凍庫裡，定型之後再收在袋子裡，跟中式水餃的保存方式一樣，使用時不用退冰直接入滾水烹煮。這個麵餃可品嘗到細緻又迷人的瑞可達乳酪，搭配經典的鼠尾草奶油醬讓香氣提升到另外一個層次，準備材料時可挑選帶油脂的豬絞肉，若是太柴的話，口感和味道都會略顯單薄。

材料　　　2人份約12-16顆

原味麵皮

中筋麵粉	100公克
蛋	1顆
鹽	一小撮
特級橄欖油	少許

番茄麵皮

中筋麵粉	100公克
番茄糊	40公克
水	20公克

內餡

特級橄欖油	少許
中式煙燻臘肉，剁碎	30公克
豬絞肉	約100公克
瑞可達乳酪（ricotta）	150公克
鹽	少許
胡椒	少許

其他材料

奶油	100公克
鼠尾草	一把
帕瑪森乾酪，刨絲	50公克

作法

1　混合原味麵皮的所有材料，成團後揉到表面光滑變軟，用保鮮膜封起來冷藏一小時。取出後擀成薄片。番茄麵皮用同樣方式處理。

2　製作內餡。下油熱鍋後放入臘肉，迅速拌炒過後放入豬絞肉，將絞肉均勻炒散，並用鹽和胡椒調味。炒熟後取出放到冷卻，拌入瑞可達乳酪，並以鹽、胡椒調味。

3　把原味麵皮攤在桌上，一顆麵餃約4-5公分大小，算好間距後依序放上一小球內餡，蓋上另外一張原味麵皮後用刀子把麵餃切開，邊緣用叉子封緊。番茄麵皮也如法炮製。

4　沸水內下鹽後放入麵餃，約3分鐘後撈起。

5　平底炒鍋內加熱奶油，放入一小把鼠尾草，加入煮熟的麵餃與少許煮麵水，拌炒一分鐘後即可取出盛盤。上桌時撒上少許帕瑪森乾酪提味即可。

蒜香臘肉義大利麵

SPAGHETTI WITH GARLIC AND TAIWANESE PANCETTA

說來害羞，用中式煙燻臘肉取代培根的做法是我的義大利好友教我的，相較於培根，台灣的臘肉有更棒的炭火香氣與豐富的油脂，可以的話盡量找不含防腐劑的臘肉。製作乾炒的義大利麵時，煮麵水是你最佳的幫手，利用煮麵水來乳化大蒜風味的橄欖油，讓它們可以輕鬆的包裹在麵條上，烹煮時請控制好麵條的彈牙程度，千萬別煮過頭了。

材　料	2人份
義大利直麵	2人份
特級橄欖油	3大匙
大蒜，剁碎	3-5瓣
紅辣椒，剁碎	1/2根
中式煙燻臘肉，	
切絲	約50公克
巴西里葉，剁碎	1小把
帕瑪森乾酪	20-30公克

作　法

1　燒一鍋沸水，在裡面加一大把鹽，然後把麵放進去煮至8分熟，參考包裝上的指示時間不過減少一、兩分鐘。

2　平底炒鍋內下橄欖油熱鍋，把大蒜、辣椒和臘肉放進去，以中小火加熱至食材開始冒泡、大蒜慢慢上色且臘肉炒成半透明狀。

3　麵條煮好後濾起拌入炒鍋內，加入一至兩大勺的煮麵水，用中大火加熱並保持滾沸，持續地攪拌鍋內材料，下少許鹽和胡椒調味。

4　等湯汁收到濃稠後，確認麵的硬度是否好了，還太硬的話就再加一些煮麵水繼續煮。上桌前確認一下調味並撒上巴西里葉和乳酪即可。

JOËL and SOAC

II

Chef
Answer Me !

── 雙廚下凡來解答 ──

器材與工具篇

Q1 如何使用家庭用烤箱（溫度最高只能設到攝氏220度），烤出像海產攤及日本料理般表皮香酥的烤魚？

先將魚放在冰箱風乾，讓表面完全乾燥就可以輕鬆烤出酥脆的表皮。

Q2 請問建議一般小家庭廚房，至少應配備哪幾種鍋具呢？哪些是可相互取代，或是應該優先購入的呢？

只要有一個品質非常好的燉鍋，一口很耐用的平底鍋就可以搞定所有料理。

Q3 如何用不鏽鋼鍋煎魚？尤其是肉質較軟的魚（鱸魚、鮭魚、鱈魚……）。

不論是煎哪一種肉類、用哪一種鍋子，一定要把鍋子燒到夠熱才可以下鍋。

Q4 廚房裡最基本應該具備的刀具有哪些呢？

我認爲東西在精不在多。你需要一把主廚刀、一把檸檬刨刀、一把水果刀、一把削皮刀，最後再來一把鋸齒刀即可！

Q5 如何選擇鍋具？還有選擇時的品牌迷思，以及各種鍋的特性、用途與適合烹煮的食物？

以料理來說，湯鍋適合燉煮或是處理湯汁較多的料理，選擇湯鍋時候最好選擇厚底並且耐用的鍋子，鑄鐵鍋或是陶鍋都很不賴。如果有蓋子並且可以整鍋放入烤箱裡更加分。 至於煎烤燒肉等，我認爲一口平底鍋就足夠了，可以選擇不沾鍋或是生鐵鍋。原則和挑選燉鍋差不多，也是要夠厚、耐用，才方便加熱時儲存足夠熱能。當然可以整口放進烤箱更好。至於品牌我認爲順手就好了。

Q6 用刀的技巧？如何挑把好刀？

用刀跟用所有生活器具一樣，重點在練習。習慣
的就好用，但是在挑選主廚刀的時候，最好能夠
挑選從自己手肘到手腕一樣長度的刀子會最順手。

JOËL STYLE

Q7 有沒有使用烤箱取代油炸的方法?

在食材表面沾裹上麵包屑或是玉米脆片屑,烤出來可以呈現類似油炸的效果,不過基本上還是不同的東西喔。

Q8 炒菜鍋後面都會黑黑的,要怎麼快速處理乾淨?

沾小蘇打粉刷洗,或是泡在小蘇打粉稀釋的水裡,再清洗即可。

Q9 要如何保養不沾鍋跟鑄鐵鍋?第一次保養之後,多久要再保養一次?

不沾鍋跟鑄鐵鍋都不需特別保養,只要常使用就是最棒的養鍋方式。唯有生鐵鍋在洗淨之後,請上爐火加熱到水漬燒乾,熄火後用廚房紙巾抹上薄薄一層植物油即可。

Q10 清洗鑄鐵鍋的注意事項?

不要用金屬或尖銳的刷子去清洗,這是最重要的地方。如果沾黏特別厲害的話,請冷卻之後倒水進去,加熱到滾沸後把火轉小,煮到污垢軟化、可以輕鬆用木勺鏟起來即可。

Q11 砧板要怎麼挑選和保養?有什麼方法可以讓木製砧板不那麼容易發霉?

我個人比較偏好木製砧板,使用時盡量避免放高溫的東西上去,否則砧板非常容易變形。砧板清洗後請放在層架上風乾,如果泡在水裡的話一定會發霉。另外請定期整理砧板,把粗鹽倒在上面,然後用對切開來的檸檬刷洗即可。

Q12 烤箱的溫度總是不知道該如何設定,跟食譜設定一樣的話常常有烤焦的悲劇發生,如何避免並順利烤出成品?

烤箱一定會有溫差,所以當你參考一份新的食譜時,不要乖乖地依食譜上建議的時間烤,請縮短1/3到1/4左右的時間,先確認烤箱內的狀態再繼續加熱。多烤幾次你就會知道家裡烤箱溫度是偏高還偏低,之後使用時就可先微調好。

SOAC STYLE

EASY & FAST

CHAPTER
THREE

HEALTH & ENER -GY

快速香草燻雞鹹派與
胡蘿蔔柳橙沙拉

SMOKED CHICKEN QUICHE WITH CARROT SALAD

只要利用吃不完的吐司和一點品質不錯的奶油就能做出好吃的派皮。新鮮蘿蔔和柳橙的味道是絕配,放在鹹派裡的乳酪可以加入任何自己喜歡的種類。

材 料	4人份
原味吐司,不切	半條
奶油,加熱融化	33公克
雞蛋	2顆
鮮奶油	200毫升
波菜,取葉、汆燙	70公克
荳蔻,磨碎	2公克
雞胸肉,切塊	300公克
馬斯卡彭乳酪	33公克
新鮮莫佐瑞拉乳酪	67公克
聖女番茄,切塊	33公克
羅勒,取葉	13公克
新鮮百里香	7公克

胡蘿蔔柳橙沙拉

胡蘿蔔,刨絲	133公克
柳橙,取肉、皮絲	2顆
葡萄乾	33公克
整粒杏仁,烤過、切碎	33公克
費塔乳酪,捏碎	33公克
綜合生菜	33公克

作 法

1　將吐司切片,表面刷上奶油,均勻的鋪滿30公分圓形烤模底部備用。

2　將雞蛋、鮮奶油、波菜與荳蔻用食物調理機混合,以海鹽及胡椒(不在材料單內)調味備用。

3　將雞胸、兩種乳酪、番茄、羅勒葉、新鮮百里香放進作法1中後灌入作法2,送進攝氏170度的烤箱中加熱至熟即可取出。

4　製作胡蘿蔔柳橙沙拉。將胡蘿蔔、柳橙、葡萄乾混合,以海鹽與胡椒(不在材料單內)調味,靜置5分鐘入味。再混合沙拉的其他材料備用。

5　將所有材料裝盤即可。

昆布奶油與烤水果抹醬

KELP BUTTER AND FRUIT JAM

我會分別在不同天將果醬準備起來放在冰箱冷藏，才不會一天之內，忙得人仰馬翻。做好可以單吃，也可以和朋友聚餐時很豪邁地一次通通上桌，大家看交情辦事。麵包可以用你容易取得的任何一種原味種類來取代，喜歡就好。用烤箱做自製果醬是我所想到最簡單的方法，不要再找理由逃避這麼棒的東西了。

材　料	4人份
迷你可頌	8個
巧巴達，切片	4個
法式長棍，切片	半支
薰衣草風味李子抹醬	
李子	200公克
（或任何季節桃李，可混用）	
乾燥薰衣草	13公克
蜂蜜	67毫升
奶油乳酪	200公克
鮮奶油	33毫升
蘋果核桃乳酪抹醬	
蘋果	2顆
奶油	33公克
二砂	20公克
綜合莓果（新鮮較佳）	33公克
核桃	33公克
白蘭地	20毫升
馬斯卡彭乳酪	200公克
鮮奶油	33毫升
昆布奶油	
昆布	67公克
奶油	200公克
巴薩米克醋膏（或30年巴薩米克酒醋）	
	33毫升

作　法

1　製作薰衣草風味李子抹醬。將李子放進攝氏170度的烤箱裡加熱2小時即可取出放涼，去皮、籽備用。將蜂蜜和薰衣草一起加熱至沸騰即可過濾備用。再將奶油乳酪與鮮奶油混合，接著和李子醬、蜂蜜一起裝罐即可。

2　製作蘋果核桃乳酪抹醬。將蘋果蒂頭挖掉，表面抹上奶油與糖。放進攝氏180度的烤箱加熱1小時即可取出放涼，去皮及籽備用。將核桃、白蘭地、馬斯卡彭乳酪與鮮奶油混合，和蘋果醬、綜合莓果一起裝罐。

3　製作昆布奶油。將昆布放進攝氏200度的烤箱加熱至酥脆，取出放涼後和奶油一起以食物調理機打碎混合。和巴薩米克醋一起裝罐即可。

4　將所有材料一起上桌。

奶油蟹肉醬與香脆花生吐司

CRAB CREAM DIP WITH PEANUT BUTTER TOAST

自己在家做早午餐的首要條件就是要快又方便，能交給烤箱的就不要開火；能用生拌的就不要快炒，誰也不想一個悠閒的早晨是從油煙開始。這道料理就是為了這樣的早晨設計的，還兼顧了健康與方便調理。沙拉只要撕個生菜，混合醬料就搞定。蟹肉醬用豆腐代為增稠劑來降低卡路里，讓早午餐變得更清爽。再搭配混合了堅果的濃郁花生醬烤成的酥脆吐司。雖然很難想像花生醬和海鮮混合在一起的風味，但其實在東南亞地區是相當常見的常民菜色，容易讓人一吃就上癮。

材 料	4人份
美生菜，撕成塊	1顆
牛番茄，切塊	1顆
奶油蟹肉醬	
紅蔥頭，切碎	10公克
大蒜，切碎	10公克
罐頭蟹肉	200公克
豆腐	300公克
明太子	50公克
鮮奶油	300公克
酸奶油	100公克
白酒醋	20公克
百里香	5公克
青蔥，切花	100公克
花生吐司	
原味吐司，不切	半條
花生醬	200公克
原味綜合堅果	100公克
片鹽	5公克
奶油	100公克
藍紋乳酪醬	
藍紋乳酪	100公克
酸奶油	300公克
新鮮茴香，切碎	20公克

作 法

1　製作奶油蟹肉醬。將紅蔥頭、大蒜以橄欖油（不在材料單內）炒香。接著放入蟹肉翻炒即可備用。

2　混合剩下所有蟹肉醬材料以食物調理機打成泥，和作法1混合拌勻即可。

3　製作花生吐司，將吐司切成厚片，抹上花生醬，接著撒上堅果和片鹽（鹹味比較清淡還會有薄脆的口感）對折夾起。

4　將作法3表面均勻地抹上奶油，以平底鍋稍微煎上色後放進烤箱烤至金黃即可。

5　製作藍紋乳酪醬。將所有材料混合均勻即可。

6　將所有材料裝盤，最後在生菜上淋上藍紋乳酪醬即可。

焦糖水果煎薄餅

FRUIT CARAMEL CREPE

這是我最喜歡在家裡做的甜點之一，簡單又好準備，完全沒有甜點給人必須等上一整天才能精疲力盡上桌的刻板印象。只要有了蘋果和當季水果就一定不會出錯，焦糖配上丁香、肉桂和香草，是最經典的搭配了。

材　料	3人份
薄餅麵糊	
中筋麵粉，過篩	300 公克
牛奶	600 公克
二砂	150 公克
奶油	50 公克
焦糖水果	
二砂	100 公克
丁香	5 公克
肉桂棒	5 公克
香草莢	1 支
蘋果，去皮切塊	1 顆
柳橙，去皮切塊	1 顆

作　法

1　製作薄餅麵糊。混合所有麵糊所需材料即可備用。

2　加熱平底鍋，將作法1放進鍋中加熱至兩面上色即可。

3　製作焦糖水果。加熱平底鍋，放進糖加熱（過程中不要以任何調理器具攪拌，以免加熱不均或造成結塊），等糖融化後，轉小火繼續加熱至糖色變為深褐色。接著放進蘋果、丁香、肉桂和香草莢，轉成小火熬煮。在湯汁快要收乾時放進奶油和所有水果稍微煮過。

4　將所有材料裝盤即可。

藍紋乳酪美生菜沙拉

ICEBERG SALAD WITH BLUE CHEESE

這是最經典的藍紋乳酪沙拉之一，能品嘗到美生菜最棒口感的吃法。我最喜歡史提爾頓（Stilton）藍紋乳酪在這道料理裡表現出的強烈勁道，如果是真的害怕藍紋乳酪味道的朋友，可以淋上蜂蜜來平衡口感。

材　料	4人份
美生菜，切塊	4顆
牛番茄，切碎	4顆
酸奶油	120公克
藍紋乳酪	400公克
新鮮茴香	80公克

作　法

1　將美生菜、牛番茄、酸奶油、藍紋乳酪與新鮮茴香依序裝盤，最後撒上適量的海鹽、胡椒及橄欖油（不在材料單內）調味即可。

法式可麗餅與台灣風味冰淇淋

CREPE WITH TAIWANESE FLAVOR ICE CREAM

傳統的法式可麗餅吃起來如絲綢般柔軟細緻，表皮焦香的部分有點脆脆的，但是不會整片都扎實硬脆，製作可麗餅時每一片都要重新下奶油潤鍋，請快速地一口氣倒下麵糊，然後用力的搖晃鍋子，邊緣不工整沒有關係，反正折起之後看不出來。冰淇淋是簡易版的做法，現打出來的口感相當滑順，不過若打完放回冷凍的話，下次吃的時候容易會有冰晶體噢。

材料	約5-6片
可麗餅	
低筋麵粉，過篩	80公克
鹽	1撮
糖	1小匙
蛋	1顆
牛奶	130毫升
啤酒	50毫升
奶油，融化備用	1大匙
冰淇淋	
芒果，	
切小塊後冷凍一晚	60公克
鳳梨，	
切小塊後冷凍一晚	60公克
原味優格，	
可用鮮奶油取代	60公克
蜂蜜	1-2大匙
檸檬，取皮和汁	約1顆
其他	
糖粉	少許
奶油，擦鍋子用	約2大匙

作法

【可麗餅】

1　取一大缽，放入麵粉後，撒入少許鹽和糖，然後將蛋打進去。

2　慢慢加入牛奶，一邊加入一邊拌打，在滑順濃稠狀時先攪拌到沒有顆粒狀，然後把剩下的牛奶、啤酒和奶油都加入繼續拌勻。

3　有時間的話，把麵糊放入冰箱一小時或隔夜。

4　下奶油熱鍋，用紙巾將鍋底抹均勻，然後倒入一大勺麵糊並用力搖晃鍋子把麵糊攤勻開來。

5　等到底部成型上色後，翻過來把另一面也煎到上色，依序煎完所有的可麗餅。

【冰淇淋】

1　將冰淇淋的所有材料放入調理機內打成泥，試試看酸度和甜度，趁融化前享用。

烤吐司先生

CROQUE MONSIEUR

在巴黎街頭的咖啡廳或小餐館可以找到的傳統小點，好吃的烤吐司先生。除了要保留酥脆外皮，上好的乳酪和火腿也很重要，盡量挑選品質比較好的食材。另外還有烤吐司女士，差別在於上頭會有一顆太陽蛋，如同戴上法國女士優雅的圓帽一般。

材料	2人份
奶油	1大匙
中筋麵粉	1大匙
牛奶	約180毫升
鹽	適量
胡椒	適量
肉豆蔻	一小撮
葛瑞爾乳酪（Gruyere），或切達乳酪（Cheddar）	約100公克
白吐司，烤到酥脆	4片
第戎無籽芥末醬	約1-2大匙
火腿	6片

作法

1　製作貝夏美白醬（Bechamel sauce）。在醬汁鍋內融化奶油，轉中小火後倒入麵粉，持續攪拌至沒有顆粒，接著分次慢慢地倒入牛奶並不停攪拌。用鹽、胡椒和肉豆蔻調味，煮至白醬變得濃稠，約需3-5分鐘，熄火後拌入1/3的乳酪。

2　將烤至酥脆的吐司放在烤盤上，淋上少許白醬並用湯匙抹開，放上另外1/3的乳酪後蓋上火腿。

3　另外一片吐司抹上薄薄一層第戎芥末醬，蓋在火腿上。

4　再次淋上剩餘的白醬，並將剩下的乳酪撒上去。整份烤吐司由下到上依序為麵包、白醬、乳酪、火腿、麵包、芥末醬、火腿、白醬和乳酪。看起來有點複雜，如果真的順序搞錯也沒關係。

5　放入烤箱內以攝氏180度烤約5至10分鐘，直到表面烤至焦黃，取出後即可享用。

班尼迪克蛋

EGG BENEDICT

提到早午餐，人們腦海裡想到的幾乎都是班尼迪克蛋，乾鬆的英式鹹瑪芬配鹹火腿與鵝黃色的荷蘭醬，劃開半熟的水波蛋，讓蛋黃流瀉出成為醬汁的一部分。若有早午餐王國的話，班尼迪克蛋鐵定是那裡的王者。班尼迪克蛋最重要的是打出無懈可擊的荷蘭醬，記得奶油要慢慢的加進去，一邊流下去一邊持續快速拌打，最好讓奶油保持溫熱的狀態，最後調味時也要確認有明亮的酸味，不然容易膩口。

材　料	2人份
荷蘭醬	
蛋黃	2顆
檸檬汁	2-3小匙
鹽	少許
胡椒	少許
肉荳蔻	少許
奶油，加熱融成液態	120公克
配料	
鄉村麵包，烤酥	2片
蘆筍，	
可用任意蔬果取代	約12根
加拿大培根，	
可用培根或火腿取代	4-6片
巴西里葉，剁碎	1把
水波蛋	
蛋	2顆
白酒醋，可用白醋取代	適量

作　法

1　製作荷蘭醬。蛋黃先混合1小匙檸檬汁、鹽、胡椒與肉豆蔻，隔水加熱到蛋黃溫熱，並快速的用打蛋器打出空氣感。

2　離開水鍋，緩慢地倒入液態奶油，同時迅速攪打到乳脂化，一邊加一邊快速地攪拌，直到加完所有奶油。加入剩下的檸檬汁後再次確認鹹度與酸度。荷蘭醬不可冰隔夜。

3　準備配料，麵包入烤箱烤到酥脆、蘆筍燙熱，加拿大培根烤熱或煎熱。

4　製作水波蛋。水燒滾後加入一小撮鹽，倒入白酒醋煮至滾沸，醋的量要加到聞得到明顯酸味，把火轉小讓鍋內不會有泡泡。

5　把蛋打到碗裡，輕輕地滑進水鍋內，若蛋白散得太嚴重表示醋加得不夠。在水鍋內用小火煮3分鐘，取出後溫柔的擦乾備用。

6　麵包上頭放培根、蘆筍與水波蛋，淋上醬汁後撒一些巴西里葉裝飾即可。

英式司康與地瓜蘭姆佐醬

SCONE WITH SWEET POTATO AND RUM BUTTER

我覺得美味的司康有兩個關鍵，第一是混合乾粉與濕料的時候不可攪拌過頭，外層還有點粗糙即收手，以免揉出筋性。第二個關鍵是現做現烤，麵團放久了再烤效果會打折，烤完出爐沒吃完，再次回烤時更是容易讓質地偏乾。做菜時，材料越少、步驟越簡單的配方，做起來反而要格外用心，每個小地方都不能忽略。

材料	6-8個
中筋麵粉	170公克
低筋麵粉	80公克
無鋁泡打粉	12公克
奶油	80公克
糖	35公克
葡萄乾，	
用水或蘭姆酒泡開	30公克
蛋	1顆
牛奶	70公克
鹽	少許
蛋黃，打散	1顆
馬斯卡彭乳酪	150公克
地瓜蘭姆佐醬	
地瓜，	
煮熟或蒸熟後搗成泥	180公克
糖	15-25公克
鹽	一小撮
香草莢，取籽	1/2根
牛奶	約100公克
肉桂粉	一小撮
深色蘭姆酒，	
可用一般蘭姆酒取代	1小匙

作法

1　混合中筋麵粉、低筋麵粉和泡打粉一起過篩，然後混合奶油，用硬抹刀切成丁狀後，用雙手快速搓勻直到變成金色流沙狀。

2　混入糖和泡開的葡萄乾在麵粉內。取一容器先將蛋和牛奶打散。

3　麵粉中挖一個火山口後，倒入蛋奶汁並輕柔的混成團狀，表面還有點不工整沒關係，切勿搓揉過頭產生筋性。

4　封上保鮮膜，放入冰箱冷凍1小時，或冷藏2小時。

5　取出後用刀子切成三角形或用模型切成圓餅狀，表面刷上一層蛋黃，放入烤箱以攝氏180度烤約15分鐘。

6　製作佐醬，混合除了蘭姆酒以外的所有材料，入鍋以中小火煮至滾沸，過程中需不停攪拌。取出後混入蘭姆酒。

7　出爐後搭配馬斯卡彭乳酪與地瓜蘭姆醬一起享用。

法式蘋果布里烤吐司

FRENCH TOAST, APPLE AND BRIE CHEESE

若吃膩了常見的烤吐司或三明治組合，不妨嘗試這個簡單又特別的組合。象牙色的布里乳酪（Brie Cheese）帶有奶香與淡淡的氨味，加熱過後口感更為滑順誘人，配著微酸的蘋果和稍嗆的芥末醬，讓這個烤吐司嘗起來格外優雅。對了，布里乳酪的表皮也可以吃喔，可別挑掉了。

材　料	1-2人份
鄉村麵包	2片
第戎無籽芥末醬	2大匙
火腿	4片
番茄，切片	1顆
蘋果，切片	1/4顆
布里乳酪，切塊	50公克
胡桃，切碎	30公克
胡椒	少許

作　法

1　麵包抹上芥末醬，依序擺上火腿、番茄、蘋果、布里乳酪和胡桃，撒上少量的胡椒。可依個人喜好夾入生菜葉。

2　放入烤箱，以攝氏200度烤約5分鐘，直到乳酪稍微融化。

3　取出後撒上胡桃碎即可。

香煎地瓜與英式水波蛋

SAUTEED SWEET POTATO WITH POACHED EGG

地瓜是飲食控制的好幫手，GI值低且富含纖維質，可取代白飯作為主要的澱粉來源。在家裡通常沒有太多的時間準備早餐，相較於長時間的烘烤，我比較喜歡用水煮的方式，速度快了許多。不過水煮出來的地瓜口感有點無聊，這時只要下點油脂在鍋內煎到表皮焦香，就可迅速複製出使用烤箱才有的口感。

材　料	1人份
鹽	少許
地瓜，切大塊	1根
特級橄欖油	少許
臘肉，切條	20公克
胡椒	少許
蛋	1顆
白酒醋	適量
帕瑪森乾酪， 　　刨片或刨屑	10公克
辣椒粉	一小撮
香菜，剁碎	一小把
檸檬，取汁和皮	1/4顆

作法

1　冷水內加入少許鹽和地瓜，從冷水開始煮至沸騰後把火轉小，將地瓜煮熟後瀝乾。

2　另取一支平底煎鍋，下油熱鍋後，用中火把地瓜表面和臘肉煎到酥脆，起鍋前用鹽與胡椒簡單調味。

3　製作水波蛋。水燒滾後加入一小撮鹽，倒入白酒醋煮至滾沸，醋的量要加到聞得到明顯酸味，把火轉小讓鍋內不會有泡泡。

4　把蛋打到碗裡，輕輕地滑進水鍋內，若蛋白散得太嚴重表示醋加得不夠。在水鍋內用小火煮3分鐘，取出後溫柔地擦乾備用。

5　依序在淺盤內擺上地瓜和水波蛋，刨一些帕瑪森乾酪並撒上辣椒粉與香菜，旁邊配上一個檸檬角即完成。

海鮮胡麻豆腐

SEAFOOD SESAME TOFU

豆腐混合堅果或芝麻的味道後，風味會變得非常濃郁。小心不要將海鮮蒸過頭，會毀了整道菜的風味。用水份含量較少的板豆腐來做這道菜比較適合。

材　料	4人份
黑芝麻（炒過）	50公克
沙拉油	100毫升
豆腐	200公克
蛋白	1顆
中筋麵粉	50公克
蛤蜊	5顆
青蚵，帶殼	5顆
白蝦	2隻
鱘龍魚	1片
紅蔥頭	1瓣
大蒜	1瓣
黑豆	20公克
新鮮茴香	1公克
抹茶粉	5公克

作　法

1　先用炒過的芝麻加點沙拉油磨成漿。

2　豆腐捏碎後跟芝麻糊混和再加一點點蛋白跟麵粉，做成麵團。

3　將所有海鮮料切塊，和紅蔥頭、大蒜一起小火翻炒至半熟後冷卻備用。

4　將麵團放到紗布上，中間挖洞放入海鮮料與黑豆，包起來放入蒸籠以大火蒸熟，和所有材料一起裝盤便完成。

5　將抹茶粉和50公克的熱水以抹茶刷或打蛋器混合均勻，注入盤中，再放上作法4，最後以茴香裝飾即可。

石 斑 魚 海 藻 沙 拉

GROUPER SEAWEED SALAD

將魚的表面稍微用熱水燙過，可以更容易吃出新鮮海鮮的風味。海藻的香氣和口感配上任何一種海鮮都很好吃。吃不完的魚肉千萬不要放到隔餐再吃，味道會變得很糟。

材 料	2人份
石斑魚肉	100公克
乾燥海藻	20公克
聖女番茄，切半	3顆
大蒜，切碎	1瓣
紅蔥頭，切碎	1瓣
百里香，取葉	1支
初榨橄欖油	15毫升
檸檬，取汁	半顆

作 法

1　將石斑魚以滾水燙過放涼。

2　將石斑魚切成魚片備用。

3　將海藻以冷開水泡開，混合剩下所有材料，最後以海鹽與胡椒（不在材料單內）調味備用。

4　將石斑魚片裝盤，放上作法3的材料即可。

生 干 貝 薄 片

SCALLOP CARPACCIO

Carpaccio原本特指義大利的生切薄牛肉，不過隨著時代演進現在有許多不同的
變化，大部分的食材只要切成薄片生食，幾乎都可稱為Carpaccio。採購干貝時
請確認是可生食的等級。這道菜準備起來利索又美味，片干貝時若太軟不好下
刀，可以先放到冷凍庫裡定型一下再切。在節目的外景中我們加入了蓮藕與蓮花
瓣，喜歡的話也可加進去噢。

材 料	2人份
生食等級干貝	4-6大顆
青蘋果，切絲	1/4顆
檸檬汁	1小匙
蜂蜜	1小匙
鹽之花	一小撮
粉紅胡椒，	
可用黑胡椒取代	少許
檸檬皮	少許
青蔥，切薄片	一小把
特級橄欖油	1-2大匙

作 法

1 把干貝切薄片鋪在盤子裡。
2 撒上蘋果絲、檸檬汁、蜂蜜、鹽之花和磨碎的
胡椒，最後撒些檸檬皮屑與青蔥，再淋上橄欖
油即可。

嫩 煎 海 鱸 魚 佐 爐 烤 時 蔬

SAUTEED SEA BASS AND BAKED VEGETABLES

挑選當季新鮮的蔬果，切成適當的大小並簡單調味，鋪平放入烤箱內烤熟即可，讓食材在烤箱內慢慢被烘乾、上色，食材本身的甜味和香氣會濃縮在一起。爐烤蔬菜的優點簡直數不清，希望大家可多利用烤箱做菜，切記食材要攤開來，不要把它們疊在一起了，以免被湯汁泡濕無法烤出色澤。

主角是嫩煎海鱸，製作搭配的白酒醬時請挑選不甜 (dry) 的白酒，並記得要將酒精的辣味煮到揮發才行，以免味道太苦。

材　料	2人份
洋蔥，切塊	1/2顆
大蒜，拍過	1-2瓣
蘆筍，切段	4-6根
黃櫛瓜，切塊	1/2根
綠櫛瓜，切塊	1/2根
小番茄，對切	6顆
黑橄欖，捏碎	5顆
鹽	少許
胡椒	少許
特級橄欖油	少許
帶皮海鱸魚	2片
白酒	200毫升
巴西里葉，剁碎	一小把

作法

1　混合洋蔥、大蒜、蘆筍、櫛瓜、小番茄和黑橄欖，並用鹽、胡椒和特級橄欖油調味，攪拌拌勻後放入烤盤內鋪平，以攝氏180度烤約20至30分鐘，直到蔬菜表面微微上色且都熟了。

2　將煎鍋燒熱，把鱸魚兩面拍上鹽、胡椒以及特級橄欖油，帶皮面下鍋用中火煎到上色，請輕輕的壓住魚肉讓底部可以均勻上色。翻面後轉小火，待魚肉熟了之後取出。

3　同一隻鍋子內倒入白酒，用中大火將酒精辣味燒掉揮發後熄火，混入巴西里葉備用。

4　盤子底部擺上烤蔬菜，上面放入魚肉，然後淋些白酒醬提味即可。

西西里風甜橙沙拉

SICILIAN STYLE CITRON SALAD

柳橙、橄欖加上酸豆，光是這些材料散發出來的香氣，就讓人感受到西西里陽光灑落在臉上的溫暖感。取柳橙果肉是件有點辛苦的工作，找把鋒利的小刀保證事半功倍，所有材料混合好之後，讓它們待在冰箱裡醃漬一下，融合過後的風味會更好。另外，若是剛好買到新鮮的茴香頭（fennel），切成薄片混入醬汁內，淡淡的八角香氣跟柳橙有著絕佳的默契。

材　料	2人份
醬汁	
巴薩米克酒醋	2大匙
鹽	少許
胡椒	少許
特級橄欖油	6大匙
沙拉	
歐式麵包，烤到酥脆	4片
綜合生菜	2人份
柳橙	2顆
無籽黑橄欖，捏碎	10顆
酸豆	1小匙
紅洋蔥，切絲後泡冰水	1/4顆

作　法

1　製作醬汁。混合酒醋、鹽和胡椒後，加入一顆柳橙皮屑，拌勻後倒入特級橄欖油攪拌到乳脂化備用。

2　細心地將柳橙外皮切掉，所有的白膜都要去掉，然後用小刀取出柳橙果肉。

3　混合所有材料即完成。

北非小米沙拉與
綠花椰菜鮮蝦濃湯

COUSCOUS SALAD WITH CREAM OF BROCCOLI SOUP

北非小米調理起來方便又快速，就像泡麵一樣簡單。綠花椰菜濃湯好吃的訣竅就是要有一台馬力強大的食物調理機，才能把花椰菜打成細緻的泥湯狀。鮮奶油只要混合檸檬汁就可以快速讓質地變得濃郁。

材　料	4人份
綠花椰菜，切塊	1棵
白蝦，開背	8尾
自製酸奶	
鮮奶油	200公克
檸檬，榨汁	1顆
北非小米沙拉	
北非小米	200公克
紅葡萄乾	20公克
白葡萄乾	20公克
蘆筍（選比較粗的），切塊	50公克
聖女番茄，切塊	50公克
香菜，切碎	20公克
平葉巴西里，	
取葉、切碎	10公克

作　法

1　將綠花椰菜以熱水煮軟，用食物調理機打成泥湯狀，以海鹽與胡椒（不在材料單內）調味備用。

2　將酸奶材料混合至鮮奶油變濃稠備用。

3　加熱與北非小米等重的水，並加入葡萄乾、海鹽與橄欖油（不在材料單內）一起煮滾靜置，讓北非小米吸水膨脹。接著趁熱放入其他沙拉材料，混合備用。

4　加熱網烤鍋，將白蝦以海鹽與橄欖油（不在材料單內）調味，以網烤鍋將兩面煎上色之後再和所有材料一起裝盤。

青 花 魚 柑 橘 沙 拉

MACKEREL TANGERINE SALAD

在家自己熱燻青花魚，單就美味來說是最物超所值的料理方式之一。煙燻材料最傳統的是木炭和木屑，家庭料理可以用麵粉和紅糖來取代，麵粉主要產生燻煙，糖則是增加蔗糖的香氣。另外，可以在沙拉材料裡加入任何喜歡的柑橘類水果都會和燻過的青花魚那濃郁的油脂香味十分對味

材 料	4人份
青花魚	2尾
聖女番茄，切塊	50公克
甜菜根，切片	1顆
柳橙，去皮、切塊	2顆
黑橄欖，切碎	20公克
蒔蘿葉，切碎	20公克
西洋芹，切片	100公克
核桃，烤香	20公克
綜合生菜	100公克

煙燻材料	
麵粉	200公克
紅糖	200公克

作 法

1　將煙燻材料混合，放在30×30公分的鋁箔紙中央加熱，並以火槍燒出燻煙。將青花魚與燻料分別裝入烤盤，一起放進攝氏170度的烤箱加熱15分鐘。

2　青花魚取出後將魚肉取下，去除魚骨備用。

3　將青花魚和所有沙拉材料混合盛盤即可。

薑黃飯與燒烤牛肉串

TURMERIC PILAF WITH BEEF SKEWER

薑黃飯和任何紅肉類或是香料風味濃郁的肉料理都是絕配，沒什麼比完整焦化過的肉香更迷人的了。記得把你的鍋子燒熱到幾乎要冒煙的程度（千萬別在這個熱度的鍋子裡放油！放在肉上）。另外，任何新鮮香料搭上檸檬的風味後，作為燒烤醃料都很適合。

材　料	4 人份
薑黃飯	
泰國香米	300公克
奶油	100公克
洋蔥，切碎	50公克
大蒜，切碎	2瓣
茄子，切片	1顆
紅甜椒，切塊	1顆
薑黃粉	20公克
月桂葉	1片
肉桂	1支
沙朗牛肉，切塊	800公克
紅甜椒粉	30公克
紅辣椒粉	20公克
荳蔻，磨碎	10公克
細紅糖	30公克
燒烤醃料	
紅洋蔥，切碎	200公克
大蒜，切片	2瓣
黃檸檬，榨汁、刨皮絲	1顆
新鮮奧勒岡，取葉、切碎	10公克
新鮮百里香，取葉、切碎	10公克
新鮮迷迭香，取葉、切碎	10公克
綠檸檬，切半	1顆
新鮮薄荷	一把

作　法

1　製作薑黃飯。將奶油融化，加熱蔬菜及香料。接著加入香米翻炒，加入米兩倍的水後加蓋以小火煮熟即可備用。

2　將烤牛肉用的香料與細紅糖以橄欖油（不在材料單內）調勻，抹在牛肉上，將牛肉以竹籤串起。再以網烤鍋煎上色後放進燒烤醃料中靜置備用。

3　將所有材料裝盤即可。

咖啡豆漿歐雷

SOY CAFE AU LAI

許多人對乳製品過敏，失去了享受咖啡拿鐵滑順細緻口感的機會，其實可以用無糖豆漿來取代牛奶，創造出類似的口味。豆漿含有豐富的植物性蛋白，而且脂肪含量較低，也推薦給想健身的朋友們飲用。

材 料	1-2人份
濃縮咖啡	1至2個shot
豆漿	約200-300毫升

作 法

1　沖煮濃縮咖啡，倒入杯內備用，要喝前沖入加熱好的豆漿即可，夏天時喝冰的也很對味。

烙烤牛排、
奶油時蔬與藜麥沙拉

GRILLED STEAK AND VEGGIES WITH QUINOA SALAD

這套菜單可攝取足夠的蛋白質與纖維，即使吃比較多也不會有負擔。節目裡我使用椰子油來料理，淡淡的椰子奶香讓這道菜別具風味，而且椰子油耐高溫，即便高溫烹調也不會產生過多的油煙，購買時盡量選擇冷壓的椰子油品質比較好。

材 料	2-3人份
水	160毫升
藜麥，過水洗淨	150毫升
鹽	少許
椰子油，可用橄欖油	少許
洋蔥	1/2顆
紅蘿蔔，切塊	1/2根
花椰菜，切塊	1朵
洋菇，對切	6個
四季豆，去筋絲	6根
胡椒	少許
菲力牛排	一大塊
綜合沙拉葉	一小把
巴薩米克酒醋	2大匙
特級橄欖油	6大匙

作 法

1　把160毫升的水燒滾，加入一小撮鹽後倒入藜麥，把火轉小蓋鍋悶煮約15分鐘，熄火後用叉子把藜麥撥鬆。

2　炒鍋內下椰子油加熱，將洋蔥入鍋內拌炒，接著加入紅蘿蔔與花椰菜，上色後放入洋菇和四季豆，用鹽和胡椒調味，將所有蔬菜煎熟、上色即可。

3　燒熱烙烤盤，並將牛排雙面抹上鹽、胡椒和椰子油，烙烤盤燒熱後下牛肉，單面煎上色後翻面，將牛排煎到自己喜好的熟度即可。

4　取出牛肉並休息3至5分鐘，切成薄片備用。

5　將做好的牛排盛盤，放上處理好的藜麥與蔬菜，上頭撒一些沙拉葉、酒醋和橄欖油即可。

雞肉溏心蛋筆管麵沙拉

CHICKEN PENNE SALAD WITH SOFT-BOILED EGG

這道沙拉也很適合當作上班族的午餐飯盒，前一晚製作好就放在冰箱裡保存，順便讓食材醃漬入味，在公司享用時不需特別加熱。一般大多用美乃滋製作麵沙拉，這份配方我改成原味優格，減少上班族的飲食負擔，配上大量的脆口黃瓜和芹菜，即使是炎熱的夏天也讓人食慾大開。

材料	2-4人份
雞胸肉	1片
筆管麵	約100公克
蛋	2顆
茄子，切片	1/2根
特級橄欖油	適量
小番茄，對切	10顆
小黃瓜，切絲	1/2根
西洋芹，切絲	1/2根
原味優格	2大匙
白酒醋	2大匙
蜂蜜	少許
鹽	少許
胡椒	少許
特級橄欖油	6大匙
帕瑪森乾酪	20公克

作法

1. 雞肉入帶鹽沸水中煮熟，或是煎熟也可，取出放涼然後切片備用。
2. 準備一鍋沸水，下點鹽後將筆管麵煮熟，取出後過冷水沖涼備用。
3. 雞蛋放置常溫後，放入滾水內煮5至6分鐘，取出沖冷水直到完全冷卻，剝殼後對切備用。
4. 混合沙拉的所有材料，然後加入優格、白酒醋、蜂蜜、鹽和胡椒調味，試吃一下味道並調整，最後拌入特級橄欖油與帕瑪森乾酪即可。

韃靼竹莢魚

MACKEREL TARTARE

當季新鮮的小型海魚拿來做韃靼風格的料理，是我最喜歡品嘗上市鮮魚的手法之
一。對新鮮的材料來說，以酸味爲基底的簡單調味是最適合的，做得太複雜反而
可惜了新鮮的味道。刀功不俐落的人也可以輕鬆地製作這道菜，同時練習切魚的
手感。

材 料	4人份
竹莢魚	2尾
洋蔥，切碎	1/4顆
檸檬，榨汁	半顆
蒔蘿，切碎	20公克
青蔥，切碎	10公克
初榨橄欖油	30毫升
蘇打餅	10片
黃檸檬，皮絲	少許

作 法

1　將竹筴魚取下魚肉剁成丁。

2　除了蘇打餅之外，將所有材料混合均勻（可留
下少許新鮮香料和檸檬皮絲作爲裝飾）以海鹽與胡椒
（不在材料單內）調味，即可和蘇打餅裝盤。

味噌煎虱目魚

PAN-FRIED MILKFISH WITH MISO

將味噌抹在魚肉上放進鍋裡煎，是非常經典的日本家庭菜色。可以增加一些清爽的配菜，例如熱帶水果、涼拌的蔬菜，我喜歡簡單的放上一塊煎烤過的檸檬就好。

材 料	2人份
虱目魚，去骨	一條
檸檬，切半	2顆
費塔乳酪，捏碎	50公克

味噌醬

味噌	100公克
味醂	100 毫升
醬油	40 毫升
白醋	50 毫升
嫩薑，磨碎	30公克
麻油	30 毫升

作 法

1　製作味噌醬，將所有材料混合均勻即可。

2　將虱目魚去皮，味噌醬抹在魚肉表面。加熱網烤鍋將魚肉和檸檬一起放進鍋內加熱至熟。

3　將虱目魚和檸檬裝盤，接著捏碎費塔乳酪放上即可。

鹽 漬 石 斑

GROUPER GRAVLAX

鹽漬是一個相當傳統的調理手法，在過去主要用來保存食材。因為用鹽醃的過程中會讓食材脫水，所以食材本身的風味會變得更加濃郁。在鹽漬魚類的時候，我喜歡搭配風味簡單的醬料做成美味的小點心。

材 料	4人份
石斑，去骨	2尾
醃漬鹽	
粗鹽	800公克
二砂	200公克
甜菜根，去皮、切片	1/2顆
檸檬，切片	2顆
法式美乃滋	
蛋黃	3顆
法式無籽芥末醬	50公克
白酒醋	100毫升
橄欖油	300毫升

作 法

1　將醃漬鹽的所有材料混合，將石斑以醃漬鹽埋起放入冰箱冷藏兩個小時。接著取出魚肉，洗淨、風乾三個小時即可備用。

2　製作法式美乃滋。將蛋黃混合芥末醬、白酒醋，接著慢慢地加入橄欖油打成濃稠狀。最後以海鹽與胡椒（不在材料單內）調味即可備用。

3　將鹽漬魚肉切成薄片與法式美乃滋一起盛盤即可。

地中海風炙烤白肉魚
MEDITERRANEAN FISH FLAMBÉ

品質好的海鮮一旦加熱過頭，原本綿密細緻的口感就消失殆盡，取代的是乾柴又無聊的嚼勁，這個配方跟大家分享直接以噴槍把魚肉片燒出焦香的方式，半生熟的狀態保留了海鮮最棒的口感，搭上地中海風味的調味料做成麵包塔，是幾乎不會失手的一道開胃菜。

材料	3-4人份
白肉魚	1尾
鹽	少許
胡椒	少許
特級橄欖油	適量
酸豆，過水	1-2大匙
番茄，切碎	1顆
紅洋蔥，剁碎	1/3顆
檸檬	1顆
鄉村麵包	3-4顆
大蒜，去皮	1顆
佩科里諾乳酪，	
刨屑，可省略	20克
甜羅勒，切絲，	
可用九層塔取代	一小把

作法

1　將魚肉切成薄片，混合少許鹽和胡椒與橄欖油後，放在鐵盤上，用烤槍把單面燒到泛白、焦黃。

2　混合魚肉、酸豆、番茄、洋蔥、檸檬皮、檸檬汁、鹽、胡椒和一點特級橄欖油，時間夠的話放著醃漬入味15分鐘。

3　烤到酥脆的麵包輕輕地刷上生大蒜，然後將醃好的魚肉和料放上去，撒上乳酪和羅勒葉即完成。

加泰隆尼亞式燉魚湯

SUQUET DE PEIX

世界各地都有不同燉魚湯的配方，大多是古早時期漁夫將賣不完的漁獲用大鍋爐，再加入當地盛產的食材或香料一起熬煮。西班牙東北方的加泰隆尼亞區鄰近地中海，自然有各種美味的魚湯料理。製作這道菜時請挑選自己方便準備的海鮮，沒有什麼限制，唯一要留意的只有別把海鮮煮老了，那真會是人生的悲劇啊。

材料　　　　　　4-6人份

海鮮高湯

魚頭和魚骨，切塊	一大尾
蝦子，取蝦頭和蝦殼，	
肉留著後面用	15尾
洋蔥，切塊	1/2顆
紅蘿蔔，切塊	1根
西洋芹，切塊	2根
巴西里的梗	1束
月桂葉	1片
鹽	少許
胡椒	少許

湯底

特級橄欖油	1-2大匙
洋蔥，切小丁	1顆
紅蘿蔔，切小丁	1/2根
西洋芹，切小丁	一小束
白酒	2杯
罐裝番茄丁	約600毫升
紅皮馬鈴薯，	
去皮切塊	5-6顆
番紅花	一小撮
甜椒粉	1小匙
蛤蜊，泡鹽水吐沙	200克
蝦肉	15尾
透抽，切片	1尾
白肉魚片，切塊	1尾
巴西里葉，剁碎	一小把
拐杖麵包，	
切片烤到酥脆	1根

作法

1　製作海鮮高湯。下油熱鍋，依序並分次把魚頭和魚骨、蝦頭和蝦殼、洋蔥、紅蘿蔔、西洋芹用中大火煎炒到上色，然後注入蓋過食材的水，水量不要太多。以鹽、胡椒、巴西里的梗和月桂葉調味，燒滾後把火轉小，開蓋保持微滾燉煮約一小時，中途將浮沫撈乾淨，過濾掉食材留下高湯備用。

2　另起一燉鍋，在鍋內加點橄欖油熱一下，接著分次加入洋蔥、紅蘿蔔和西洋芹炒香，炒到軟化、微微焦黃即可。

3　倒入白酒，煮至酒精辣味揮發後加入番茄、馬鈴薯、番紅花、甜椒粉、高湯，並以鹽和胡椒調味，煮至滾沸後轉小火燉煮約30到40分鐘。

4　放入蛤蜊，煮約3分鐘後鋪上蝦肉、透抽和魚片，蓋鍋用小火或熄火悶煮約5到10分鐘，熟了即可熄火。

5　上桌前用鹽、胡椒調整一下味道，撒上巴西里葉，搭配麵包享用。

西 班 牙 橙 香 米 布 丁

ARROZ CON LECHE

做法不難，卻要花點心思顧著爐火、不停攪拌的一道甜點，很適合搭配地中海風格的海鮮料理。西班牙米布丁的主要風味來自肉桂和柳橙的香氣，料理過程中可加入任何自己喜歡的香料或餡料，若使用口徑較寬的鍋子燉煮，湯汁可能會太快收乾，請適時添些水入鍋。燉夠久的話，檸檬皮和柳橙皮會呈現糖漬果片的口感，我很喜歡咬下去軟Q的微微苦澀味。夏天當冷品，冬天暖呼呼上桌皆好。

材 料	4 人份
米	150 克
牛奶	750 克
香草莢	1/2 根
糖	150 克
鹽	少許
柳橙，取皮	1 顆
檸檬，取皮	1 顆
肉桂棒	1 根
肉豆蔻	一小撮
丁香	2 根
橙酒	1-2 大匙

作 法

1　將除了橙酒以外的材料全部放入鍋內。香草莢需先對剖開來，用小刀把籽刮出，然後連籽帶莢一起放入鍋內。先用大火煮至沸騰，然後轉小慢煮約40分鐘。

2　燉煮的過程需不停攪拌，等到米都煮熟之後熄火，然後拌入橙酒。

3　填到模型內降溫，完全冷卻之後即可上桌，可裝飾少許的檸檬皮絲。

香 煎 牛 沙 朗

PAN FRIED SIRLOIN

沙朗算是肉質較扎實的部位,因此選擇美國品種會比較容易做得好吃。讓牛肉從
冰箱冷藏的溫度回到室溫,可以讓牛肉在煎熟的過程中加熱更均勻。最後一步,
把胡椒撒在溫熱的牛肉上,可以讓胡椒的風味更明亮。

材 料	2人份
牛沙朗	300公克
奶油	一小塊

作 法

1　將牛沙朗從冰箱取出,置於室溫半小時。

2　煎鍋燒到非常熱,將牛肉表面抹上一層薄薄的
葡萄籽油與海鹽(不在材料單裡)後下鍋加熱。

3　加熱過程中不要隨意移動牛排,避免熱力傳導
不均勻。兩面都完整煎上色後即可將牛肉取出
靜置5分鐘。

4　將牛肉表面撒上適量的胡椒(不在材料單裡)即可
切片裝盤。

法式紅酒燉牛肉

BOEUF BOURGUIGNON

源自法國勃根地區域的鄉村菜色，請盡量挑選勃根地產區的紅酒。這個配方酒的比例較高，若怕味道太尖銳酸澀的話，可以把一半的紅酒改成牛肉高湯或雞高湯，風味會溫和甜潤許多。牛肉要燉到軟嫩入口即化的程度，大概需要三到四個小時，時間夠的話開始燉煮時也可移入烤箱內，最後30分鐘開蓋把表面烤至焦香四溢。

材　料	4-6人份
特級橄欖油	少許
牛肋條，切塊，	
可用牛腱取代	800公克
洋蔥，切塊	1顆
大蒜，拍過	2瓣
紅蘿蔔，切塊	1根
西洋芹，切塊	1-2束
培根，切段	30公克
洋菇，對切	50公克
罐裝番茄丁	400公克
紅酒	約1瓶
百里香	1把
巴西里的梗	1把
月桂葉	1片
鹽	少許
胡椒	少許
巴西里葉或百里香	少許
歐式麵包，	
切片烤至酥脆	8片

作法

1　燉鍋內下油熱鍋，牛肋條切塊擦乾後，下鍋用大火把表面煎到焦黃，取出備用。

2　同一隻鍋子內下洋蔥和大蒜，拌炒到上色後加入紅蘿蔔和西洋芹，同樣煎炒到上色。

3　把作法2的材料取出，同隻鍋子內下培根煎炒到油脂出來，然後下洋蔥煎炒到上色。

4　把所有的材料放回鍋內，加入番茄一起拌炒，然後倒入足以蓋過材料的紅酒，用中大火把紅酒煮到滾沸，加熱至酒精的辣味都揮發掉。

5　下百里香、巴西里的梗和月桂葉，並以鹽和胡椒調味，蓋鍋以小火保持微滾，燉煮約3到4個小時，直到牛肉軟嫩即可。

6　上桌時搭配烤到酥脆的麵包或水煮馬鈴薯一起享用。

米蘭煎牛排

COTOLETTA ALLA MILANESE

這是道來自米蘭的經典菜色，新鮮的牛排依序裹上麵粉、蛋汁和麵包屑後，再以奶油煎至金黃，撒上切碎的巴西里葉。因為表皮酥脆油香，讓內層的牛肉嘗起來格外軟嫩，形成完美的對比，吃的時候記得擠上新鮮的檸檬汁，讓清香的酸味中和油炸物的厚重感。

材料	1人份
牛排	1片
鹽	適量
胡椒	適量
中筋麵粉	約20-30公克
蛋，打散	1顆
麵包屑	60公克
奶油	100公克
巴西里葉，剁碎	一小把
檸檬	1顆

作法

1　用重物稍微敲打肉排，讓肉排可延展開來，同時把口感不好的筋打散。

2　撒上鹽與胡椒簡單調味後，拍上一層麵粉再裹上蛋汁，最後沾黏一層麵包屑。

3　鍋內下奶油熱鍋，等到奶油融化後，將肉排兩面煎到呈金黃色，小火煮至個人喜歡的熟度。

4　起鍋後盛盤，撒上巴西里葉並搭著檸檬角上桌。

越南生牛肉河粉

PHO BO

在越南旅行時，品嘗了許多不同店家的生牛肉河粉，做法都是用滾燙的高湯將牛肉沖到半生熟，但每家的高湯風味和餡料基底都不盡相同。美味的Pho除了南洋風味高湯與新鮮的牛肉薄片外，撒在湯碗裡的香草組合也很重要，吃的時候請盡情地撒入一大把，用熱高湯的餘溫帶出精油香氣，伴著牛肉的甜香讓人意猶未盡。

材料	4人份
牛肉高湯	
洋蔥，對切	1顆
薑，切片	約50公克
肉桂棒	1根
八角	2-3粒
丁香	3粒
牛骨	約200公克
鹽	約1/2大匙
胡椒	少許
二砂	約20公克
魚露	約2大匙
碗內的材料	
河粉	4人份
洋蔥，切細絲	1/4顆
牛肉，切薄片	約250公克
大蔥，切細絲	2根
辣椒，切細絲	1/2根
香草盤	
豆芽，去掉豆莢	1大把
綠檸檬，切片	1顆
香菜	1把
九層塔	1把
薄荷	1把

作法

1 燒熱煎鍋，把對切的洋蔥放入煎到微微焦黑，取出後把薑也放進去煎到乾皺。熄火後放入肉桂棒、八角和丁香迅速過一下香氣。

2 準備一鍋沸水，燙過牛骨後倒掉，牛骨洗淨後放回鍋內注滿水加熱。

3 將作法1的香料放入水鍋內，燒滾後用小火熬煮約2至3小時。

4 將高湯濾起備用，並加入鹽、胡椒、二砂和魚露調味。

5 河粉先泡水約15分鐘，洋蔥切成薄片後泡水約15分鐘，牛肉放入冷凍庫15分鐘後取出切薄片，大蔥也切片備用。

6 河粉過滾水煮熟後撈起備用，後把豆芽也放入滾水燙過後取出。

7 依序在碗內放入河粉、洋蔥、生牛肉，倒入滾沸的熱高湯後撒上辣椒、蔥片，搭配香草盤一起享用。

松露風味野菇燉飯

MUSHROOM RISOTTO

這道燉飯料理我用了圓糯米取代原先的義大利米，我覺得圓糯米的口感和咬勁才是台灣人會喜歡的帶生口感，一般義大利米鮮明的口感可能就沒有這麼適合我們。傳統的燉飯加了大量的奶油與乳酪，對我們細緻的味覺來說實在是太油膩了，所以我以打發的鮮奶油來讓燉飯變得清爽，風味也會更好。

材　料	2人份
乾香菇，磨碎	20公克
牛肝菌（乾燥）	20公克
大蒜，切碎	2瓣
洋蔥，切碎	50公克
圓糯米	200公克
洋菇，切塊	50公克
杏鮑菇，切塊	50公克
袖珍菇，切塊	50公克
柳松菇，切塊	50公克
青蔥，切花	10公克
松露碎（罐頭）	10公克
鮮奶油，打發	100毫升
帕瑪森乾酪，磨碎	10公克

作　法

1　將乾香菇與牛肝菌泡水加熱至沸騰備用。

2　加熱平底鍋，以橄欖油（不在材料單內）炒香大蒜及洋蔥，接著放進糯米。炒到米香出現後，一點一點地加進作法1，煮至米心半熟備用。

3　加熱平底鍋，加入橄欖油（不在材料單內），將所有菇類炒上色並混合青蔥與海鹽、胡椒（不在材料單內）即可備用。

4　將燉飯混合松露碎、帕瑪森乾酪與及鮮奶油，並以海鹽與胡椒調味（不在材料單內）盛盤，最後放上作法3即可。

泡菜烤雞肉串與
柳橙黃瓜沙拉

CHICKEN SKEWER WITH CUCUMBER AND ORANGE SALA

我特地在雞肉串裡加入了帕瑪乳酪，讓泡菜的味道更濃郁。另外又做了個簡單的柳橙黃瓜沙拉來搭配烤雞肉串，這道沙拉真的非常簡單，只要把所有材料切一切再混合就大功告成。裡面加入了一點黑橄欖、費塔乳酪和巴西里增加了希臘風味，絕對會讓人對於黃瓜的味道眼睛一亮。

材　料	4人份
烤雞肉串	
雞胸肉，切片	2片
韓式泡菜	200公克
白蘿蔔，切條	50公克
帕瑪森乾酪，磨碎	20公克
白芝麻	10公克
青蔥，切花	20公克
香菜，切碎	20公克
柳橙黃瓜沙拉	
柳橙，去皮切塊	2顆
小黃瓜，切片	1條
大黃瓜，去皮和籽、切片	1/3條
牛番茄，切塊	1顆
紅洋蔥，切絲	1/4顆
大蒜，切片	2瓣
馬斯卡彭乳酪，捏碎	50公克
黑橄欖	20公克
新鮮巴西里，取葉、切碎	20公克

作　法

1　製作烤雞肉串。將韓式泡菜、白蘿蔔與帕瑪森乾酪以雞胸肉捲好串起，放進網烤盤煎上色，接著取出分切，撒上青蔥、香菜與白芝麻即可備用。

2　製作柳橙黃瓜沙拉。將所有材料混合，以海鹽、胡椒與橄欖油（不在材料單內）調味即可備用。

3　將所有材料裝盤即可。

鮮蝦燉飯

SHRIMP RISOTTO

道地的燉飯應著重在米飯的風味和口感上，不被過多的餡料影響，所以這份食譜裡只有簡單的蝦肉和少許蔬菜，而且都切得細細碎碎的。想要呈現風味細緻的燉飯，得花點功夫從高湯開始準備，並從生米慢慢地拌炒與燉煮，用時間換取美味。

材 料　　　　　4人份

海鮮高湯

特級橄欖油	少許
魚頭和魚骨，切塊	一大尾
蝦子，取蝦頭和蝦殼，肉留著後面用	15尾
紅蔥頭，拍過	3-5瓣
西洋芹，切段	1束
巴西里的梗	1小把
月桂葉	1片

燉飯

特級橄欖油	少許
蝦肉，切丁	6尾
蘆筍，切丁	4根
小番茄，對切	10顆
洋蔥，剁細碎	1/2顆
義大利米（carnaroli）	165公克
白酒	1/2杯
海鮮高湯	約300-400毫升
奶油，放軟	30公克
帕瑪森乾酪，刨屑	20公克
巴西里葉，剁碎	1把

作 法

1　準備海鮮高湯。下油熱鍋，將魚頭、魚骨擦乾，入鍋用中大火煎炒到上色後取出，把蝦殼、蝦頭也炒到上色後取出。

2　再下一點橄欖油，用中小火把紅蔥頭、西洋芹炒上色，放回作法1的海鮮，加入水蓋過材料，放入鹽、胡椒、巴西里梗和月桂葉，煮滾後轉小火，燉煮約1小時，濾掉材料留下高湯。

3　取一燉鍋，下橄欖油加熱用大火把蝦肉、蘆筍和小番茄煎炒到焦香，以鹽、胡椒調味後取出。

4　同一隻鍋內，降溫再下橄欖油，放入洋蔥用中小火拌炒到變成半透明。

5　放入米拌炒，需不停的攪拌鍋底以免沾黏，炒到米滾燙之後倒入白酒。燒到酒精辣味消失，慢慢分次加入濾過的海鮮高湯，每次加入的量只要稍微蓋過米飯即可，持續地攪拌。

6　米飯快熟前拌入作法3，煮到喜歡的熟度後確認調味，以鹽、胡椒調整一下，熄火後放入軟奶油和帕瑪森乳酪，靜置一到兩分鐘。

7　再次攪拌均勻，上桌前撒上巴西里葉即可。

乳酪洋蔥麵包塔

CHEESE AND ONION BRUSCHETTA

最早是旅行時吃到這道菜，在味蕾被轟炸之後回台決心複製出一樣的味道，沒想到出乎意料的簡單。基底的乳酪是以藍黴乳酪爲主，挑一個你喜歡的產區，我怕味道太重所以混了馬斯卡彭乳酪進去，緩和強硬的藍黴風味，上頭的焦糖洋蔥在咀嚼時會慢慢釋放出甜味以及焦香，小心不要加太多了，以免蓋掉乳酪的風味。

材 料	4人份

焦糖洋蔥

奶油	1大匙
洋蔥，切絲	1/2顆
糖	1小匙
鹽	一小撮

乳酪醬

藍紋乳酪	30公克
馬斯卡彭乳酪	75公克
特級橄欖油	少許
鹽	少許
胡椒	少許

其他

拐杖麵包，烤到酥脆	8片
巴西里葉，剁碎	一小把

作 法

1 炒鍋內融化奶油後，加入洋蔥、糖、鹽，以小火拌炒約15至20分鐘，直到洋蔥軟化並呈現焦糖色澤。

2 混合乳酪醬所有材料，試試看調味。

3 將乳酪抹在麵包上，擺上少許的焦糖洋蔥並撒上香草裝飾即可。

JOËL and SOAC

III

Chef
Answer Me !

—— 雙廚下凡來解答 ——

食材與處理篇

Q1 請問從市場裡買回新鮮的螃蟹後,如何處理較不麻煩且能保持鮮度?

回家馬上燒一鍋熱水,將螃蟹放進鍋裡燙熟再放入冰水裡冷卻,接著冷藏保存,這樣最能保存鮮度。

Q2 如果買了新鮮香草,但之後用到的機會變少,有什麼其他方法可以利用剩餘的香草?

可以把香草打成泥,放在冰塊盒裡冷凍起來,等到需要時再取出解凍即可。

Q3 海鮮類如果冷凍後,例如鮮魚、魷魚等等,要如何去內臟去鱗?

解凍後按照正常程序去除即可。

Q4 海鮮類要如何保鮮?一定都冷凍嗎?

冷藏也可以喔,只是一定要快點吃完。特別提醒:鮪魚、旗魚等大型魚類,最好是先做冷凍處理才比較不會有寄生蟲的問題。

Q5 特級橄欖油發煙點低,有看到你們使用發煙點高的椰子油,請問同為發煙點較高的葡萄籽油是好油嗎?一般國外都是用什麼油來高溫煎炒?

我自己習慣用葡萄籽油來快炒,有時也會用特級橄欖油,也就是二次壓榨的橄欖油來快炒。油品挑選最主要是要符合你所選擇的烹調法,剩下的就只能依照生產廠商的公信力來評斷。基本上一分錢一分貨,太過便宜的鐵定有問題。

Q6 請問燉飯的義大利米,可以用本土的台灣米取代嗎?或是可用什麼烹調手法來達到類似效果呢?

煮燉飯我喜歡用圓糯米取代,但是烹調時間要縮短成五分之一。

Q7 新鮮的蛤蜊買回家後,若沒馬上料理,該怎麼保存?

用塑膠袋緊密地包起來,可以的話用真空機封包,冷藏即可。

Q8 請問醃肉時到底要用米酒還是紹興酒?家中常備的配料(大蒜、薑、洋蔥等)發芽時可不可以用?

我喜歡用米酒,風味比較清淡比較吃得到肉味。洋蔥、蒜、薑發芽時盡量不要使用,還是用新鮮的食材比較好。

Q9 菇類烹煮之前要不要清洗?乾香菇泡冷水好還是熱水效果好?或是可以直接下鍋燜煮呢?

煮之前千萬不要用生水洗,因為會將水吸到菇內產生臭味。乾香菇直接泡冷水比較能夠保留完整的香氣,但泡熱水會比較快泡發,可以依自己的需求選擇。

Q10 每次站在調味料區,看著有顏色、沒有顏色的冰糖,到底哪一款才是冰糖應該有的顏色?該怎麼選用?

冰糖有分兩種,一種是紅冰糖,一種是白冰糖,紅冰糖適合燉煮肉類,白冰糖則適合燉煮蔬菜或甜湯。

Q11 很多食譜都有台灣不易買到的食材，例如：莫佐瑞拉乳酪、櫛瓜、還有非常多種香草植物等，是不是有可以替代的食材？

可以用日常生活中，風味質地類似的材料取代。但一定要經過實驗才能知道好或不好。如果問我的話，我最喜歡實驗這一部分了。常常會找到比傳統食譜更棒的食材組合。

SOAC STYLE

Q12 請問打發鮮奶油用植物性還是動物性的比較好打發？要加糖還是糖粉呢？

請絕對不要使用植物性鮮奶油，因為那是人工製品。植物性鮮奶油的唯一好處就是打發之後比較立體，不過化口性和風味是絕對比不上天然的動物性鮮奶油。調整甜味的話我喜歡加入鮮奶油1/10左右的糖粉，比較好溶解。

Q13 做糕餅類常會單用到蛋黃或蛋白，剩下的一半常常不知如何處理，有沒有方法或較佳搭配的料理可讓蛋黃和蛋白分別都有好歸宿呢？

剩下的蛋白比較好處理，混糖打發後加入杏仁粉，烤成蛋白餅乾就好，或是我會入鍋跟料理一起拌炒，富含蛋白質又不會有負擔。蛋黃就比較麻煩一點了，通常我會累積到足夠的數量，然後做成卡士達醬，吃不完再放回冷凍庫……。

Q14 如何挑選料理用的紅白酒？常在賣場不知如何下手，可以建議有哪些產區的酒適合哪些料理？剩下的酒除了喝掉還能如何保存？

以大方向來看，只要不甜、酸澀（dry）的酒都可以拿來入菜，帶甜味的酒容易干擾料理的風味，當然特別設計的菜色例外。剩下的酒除了喝掉和入菜，我還真想不出別的辦法了，就密封好放冷藏保存吧，一兩週內拿來烹煮掉都還行。

Q15 每次切完辣椒手都會辣辣的要怎麼辦？

最簡單的方式就是手不要去摸辣椒的切口，盡量用刀子處理，或是乾脆戴橡膠手套料理。

Q16 想在家裡栽種香料植物，最推薦的是？

老實說各有優缺，薄荷葉最好種，但是使用的機會實在不多，除非你真的很愛喝 Mojito。我家陽台一定會有的是甜羅勒和巴西里，甜羅勒是因為台灣氣候適合，巴西里則是用途很大，加入料理裡增添風味或是裝飾在食物上都很好看。

Q17 香草植物是新鮮現摘的好？還是買罐裝的乾燥香料好呢？還是有分用途適合哪一種？

新鮮的跟乾燥的香料各有好處，有些時候即使同個品種的香草，在新鮮和乾燥的情況下香氣也不盡相同，所以還是得看你想準備什麼樣的菜色，這個菜色適合新鮮的精油草本香氣，或是乾燥過後比較厚實的風味而定。

Q18 請問香草植物的特性？

照顧香草植物時，請確保盆栽保持乾濕交替，意思就是土壤要乾了才能澆水，每次澆都要澆透。簡單的判斷土壤是否已經乾涸，只要舉起來感受一下重量即可。每種香草的習性都不同，例如甜羅勒葉不怕夏天高溫多濕，薄荷則澆再多水也不會爛掉，鼠尾草則喜歡乾爽一點的土壤。

Q19 如何保存新鮮香料？例如迷迭香、百里香。超市買的份量有時用不完，是否有延長使用期限的方法。

我會將香草用廚房紙巾包起來，裝在密封袋內冷藏，或是把香草剁碎，混在軟奶油內放冰箱冷藏，做成香草奶油。

Q29 請問做鹹派後剩的蛋奶液可以拿來做什麼料理嗎？

最簡單的是做成炒蛋，或者混入任何你喜歡的蔬菜或餡料，省略派皮直接填入小烤模內，進烤箱烤熟做成開胃菜（然後一定要加很多乳酪才過癮）。

Q30 請問菇類食材在燉煮時易出水，調味時比較容易失準，建議什麼種類的菇類食材適合長時間燉煮嗎？

大部份的料理我都會分兩階段調味，第一次下手輕一點，讓食材入味，第二次是起鍋前，調整到正確的鹹度，這樣子幾乎不會失手。菇類會出水是正常的，若要避免此情況，請將鍋子燒到火熱之後再下菇，並且不可一次下太多量。

Q20 超市裡西洋芹都是一整把的賣，除了煮高湯和沙拉外，是否還有其他的用法？

其實我也有這個問題，如果量不需要太多的話，我會用台灣的芹菜取代就好。真的買太多不知怎麼消耗時，我通常直接配著牛肉片或蝦子一起入鍋快炒，以中式或西式調味皆可。

Q21 橄欖油的「Pure」與「Extra Virgin」差異在哪？

Extra virgin為初榨冷壓，保有橄欖油本身的青草香氣和豐富的味道，不過不適合高溫處理。Pure則是精製過的橄欖油，通常是較次級的品質，可以承受高溫的料理方式，不過本身沒有什麼味道，當作一般植物油使用即可。

Q22 請問自製鬆餅粉用中筋麵粉好？還是低筋麵粉比較適合？

我比較喜歡用低筋麵粉，口感比較蓬鬆，中筋麵粉的口感會相對扎實許多。

Q23 花椰菜如果煮太久會黃，可是顏色翠綠撈起來又未熟，有方法可以解決嗎？

在鍋內加一把鹽即可避免這個情況。

Q24 如何自製好吃的風乾番茄？

我自己的快速風乾番茄做法，是將小番茄對切，混入鹽、胡椒、少量的巴薩米克酒醋、拍過的大蒜、特級橄欖油以及任何你喜歡的新鮮香草，鋪平入烤箱以攝氏140-160度烤約一小時，直到你喜歡的程度即可。

Q25 風乾番茄除了佐義大利麵以外，是否有其他妙用？

用法真的、真的、真的很多。切碎混入鹹派內、剁碎拌在沙拉醬汁裡、當作乳酪拼盤、塞在豬排裡去炸、直接襯在煎烤好的魚排上、混著蛤蜊和白酒入鍋炒，做法多到我們可能要另出一本書來介紹哩。

Q26 紅酒燉牛肉要用什麼紅酒？除了燉牛肉，紅酒還有其他跟料理相關的使用方式嗎？

法國人喜歡用勃艮地，義大利人喜歡用奇揚地，大原則是不甜的酒都能拿來入菜。我喜歡用料理的酒一起上桌當餐酒，這樣風味比較有連結，若是真的用不完，所有你想加酸味的料理都能混紅酒進去。

Q27 乳酪買來常因保存期限短而發霉，是否有好的儲存方法？

我會分裝後，放在密封袋內或抽真空，冷凍保存。使用前一天晚上放在冷藏退冰。不過軟質乳酪例外。

Q28 捲葉巴西里大部分是裝飾或點綴在餐點上，如果要加入料理中通常用在哪些餐點？

不建議巴西里在高溫的情況下加熱過久，除了顏色會變深之外，香氣也會有點散掉，感覺會有苦味。如果真的想要下鍋的話，請盡量選擇不會高溫處理的料理，譬如油漬、做醃菜的時候拌一些進去，或是混在奶醬內也可以。

HEALTH & ENERGY

SPECIAL THANKS TO

TLC旅遊生活頻道

小器生活料理教室

小器生活道具

小器赤峰28

八角寓所

city'super

LE CREUSET

恆隆行

大元流通turk鍛造鐵鍋

瑪黑家居選物

謝謝所有參與攝影、提供協助的夥伴，
以及提供場地、實用工具與美麗道具的店家和品牌。

city'super

LE CREUSET

恆隆行

marais

雙廚鬥陣　好菜上桌

作者
喬艾爾 JOËL、索艾克 SOAC

攝影
Sparko 林志潭

設計
IF OFFICE

責任編輯
林明月

發行人
江明玉

出版、發行
大鴻藝術股份有限公司　合作社出版
台北市 103 大同區鄭州路 87 號 11 樓之 2
電話｜（02）2559-0510
傳真｜（02）2559-0502

總經銷
高寶書版集團
台北市 114 內湖區洲子街 88 號 3F
電話｜（02）2799-2788
傳真｜（02）2799-0909

2015 年 12 月初版一刷
2016 年 1 月初版二刷
定價 450 元

國家圖書館出版品預行編目（CIP）資料
雙廚出任務 / 喬艾爾 JOËL、索艾克 SOAC.
-- 初版. -- 臺北市：大鴻藝術合作社出版, 2015.12
240 面 ;18 × 23 公分
ISBN 978-986-91861-5-5（平裝）
1. 食譜
427.1　　　　　　　　　　104025018

最新合作社出版書籍相關訊息與意見流通，請加入 Facebook 粉絲頁！臉書搜尋：合作社出版